Edizioni PensareDiverso
Cenacolo Jung Pauli

Bruno Del Medico.

Kvantum összefonódás és pszichés szinkronitás

Erőmezők, a nem lokalitás szintje, extraszenzoros észlelések. A kvantumfizika meglepő tulajdonságai.

From the original Italian "Entanglement e sincronicità" (2016)

edizioni@delmedico.it

"Személyes véleményem, hogy a jövő tudománya számára a valóság nem lesz sem pszichés, sem fizikai: valamilyen módon mindkettő. Feltétlenül kívánatos lenne, hogy a fizikát és a pszichét ugyanazon egyedi valóság két kiegészítő aspektusának tekintsék. "

(Wolfgang Pauli, a fizikai Nobel-díj, 1950-ben Abraham Paisnek írt levelében)

Bevezetés. Miről szól ez a könyv.

Hosszú évszázadok óta a telepátiához, a jövő előjeleihez és a tisztánlátáshoz hasonló szenzoros érzékeléseket csaló fantáziáknak, illúzióknak vagy találmányoknak tekintettek.

A tudományos körökben elterjedt materialista megközelítés a priori tagadja a "szellemi" valóságot. Ennek oka, hogy ezek a valóságok a laboratóriumban nem ellenőrizhetők.

Ennek ellenére minden embernek volt valamilyen tapasztalata, hasonló ahhoz, amit a tudomány tagad. Emlékezhetünk például megmagyarázhatatlan eseményekre, a jövőbeni események előjelére vagy a valóra vált álmokra.

Gyakran profitáltak ezekből a tapasztalatokból. Ez azt mutatja, hogy nem illuzórikus élmények voltak.

Ezek a jelenségek nem ritkák és mindenkit érintenek. Néhány tudós, nyitottabb elmével felruházva, tudományosan akarta kezelni a kérdést. Arra voltak kíváncsiak, hogy van-e mód az extraszenzoros élmények megértésére anélkül, hogy okkultizmushoz, mitológiához vagy álvallás-filozófiához folyamodnánk. A könyv e kutatók tapasztalatait ismerteti.

Most végre olyan bizonyítékok jelennek meg, amelyek tudományosan bizonyítják a tudatosság magasabb szintjének létezését.

Van egy "kollektív elme", amely az egész emberiség számára közös ötleteket és gondolatokat tartalmaz. Ez egy pszichés kozmosz, amelyet hasznunkra használhatunk. Ebből a kozmoszból jeleket és információkat kapunk.

1980-ban a "kvantum összefonódás" kísérletileg megerősítést nyert.

Ez a tulajdonság az elemi részecskékre jellemző.

Minden részecske (atom, elektron, foton) képes kommunikálni egymással, anélkül, hogy szenvednék a tér és az idő korlátozásait.

Ez élesen ellentétes a materialista nézet feltételezéseivel.

Az elemi részecskék közötti kommunikáció olyan dimenzióban történik, amely nem tartozik az ismert fizikai törvények hatálya alá. Ez a dimenzió összehasonlítható egy "egyetemes elme" -vel.

A Princeton Egyetemen végzett "Globális Tudatossági Projekt" kísérletei kétségtelenül bebizonyították a világ tudatának létezését.

A könyv leírja az úgynevezett „kollektív tudatalatti" elméletet, amelyet a híres pszichoterapeuta, Carl Gustav Jung fejlesztett ki. Jung elmélete nagyon hasonlít az "Anima mundi" neoplatonikus koncepciójához. Ezeket az elméleteket megerősítik a kvantumfizika jóslatai, amelyeket kiváló tudósok és Nobel-díjasok dolgoztak ki.

A kvantumfizika dokumentálja a "nem lokális" nevű szint létezését. Ezen a szinten az elemi részecskék, annak ellenére, hogy hatalmas távolságok választják el egymástól, mindent tudnak egymásról, és úgy viselkednek, mintha egyek lennének.

A teljesen véletlenszerűen összesített anyagon alapuló univerzum materialista víziójából az emberiség a valóság megértésének új módja felé halad, ahol az anyag és a psziché együtt él és integrálódik.

Míg a klasszikus fizika továbbra is meghatározó marad az érzékeink számára érzékelhető világban, a valóság új szintjei pszichés tartalommal bukkannak fel.

Kvantumszinten a klasszikus fizika már nem érvényes. A kozmosz anyagi része önmagában nem tudja ellátni a funkcióját. Szüksége van egy pszichés dimenzióra, vagyis egy további szintre, a nem lokalitás szintjére.

Ezen a szinten az egész univerzum eggyé válik. Már nem anyagból, hanem energiából és információból áll, és egy olyan harmóniaerő koordinálja, amely nélkül csak káosz létezne.

A valóság legrejtettebb szintjein az anyag nem nélkülözheti a pszichét. Hasonlóképpen, a pszichének szüksége van az anyagi részre, hogy kifejezze magát.

Ez a tudatosság egy új evolúciós ugrás felé kíséri az emberiséget, amely után megszűnik a materialista dominancia.

Megalakul a psziché és az anyag együttműködésének korszaka. A most tagadott jelenségek, például az extraszenzoros észlelések a mindennapi életben a közös használat örökségévé válnak.

1. rész- Fontos kezdeti témák.

The person who follows the crowd
will usually go no further than the crowd.
(Albert Einstein)

Aki követi a tömeget, soha nem megy messzebb, mint a tömeg.
(Albert Einstein)

A Baruhill utcai mészárlás.

1992. október 27-én szörnyű tragédia történt Terrigalban, a Bateau-öböl lakónegyedében, a központi partvidéken, nem messze a népes ausztrál Sydney várostól.

Az őrület pillanatában egy férfi betört Thomas Gannan Baruhill utcai otthonába, megölve Thomasot és két lányát: a 23 éves Kerryt és a 18 éves Lisát.

Továbbá ugyanaz az őrült megölte saját 27 éves fiát, Dávidot és még két embert, akik a házban voltak.

A mészárlás elkövetőjének neve Malcolm Baker volt.

A The Sidney Morning Herald helyi újság szerint, amely hosszasan foglalkozott a kérdéssel, mindez ostoba okokból történt. Természetesen a Baruhill utcai mészárlás egyike azoknak az epizódoknak, amelyek bosszút kiáltanak az ég előtt.

Ezekkel az esetekkel mindannyian csodálkozunk. Kíváncsi vagyunk, miért történhetett ilyen szörnyű bűncselekmény. A hívők megkérdezhetik maguktól: Miért engedi meg ezt Isten?

Az egész közösség fájdalma hatalmas volt. Julie, aki Thomas harmadik lánya volt, 17 éves volt a mészárlás idején. Julie szívszorító szerelmes verset írt az elveszett szeretteinek, amelyből néhány sort idézek:

... now that everything has happened
I wish it were a dream,
but unfortunately it is reality,
even if I can't believe it.

1. ábra Jobb oldalon Lisa Gannan. Lisa mellett nővére, Kerry is áldozat, akit Malcolm Baker megölt. A fotón ott van a lányok anyja is, aki a mészárlás idején nem volt otthon.

The Sydney Morning Herald

Late Edition | Thursday

Couple split up before massacre

2. ábra A The Sydney Morning Herald címlapja a mészárlás hírével.

Dear Dad, even if you are gone
I always love you..."

„... Most, hogy minden megtörtént
Bárcsak álom lenne,
de sajnos ez a valóság,
még ha nem is hiszem el.
Kedves apa, akkor is, ha elmentél,
Mindig szeretlek ... "

Jelentettem ezt a szörnyű mészárlást, hogy értelmes kezdetet kapjak a könyv számára. Természetesen, amikor szembesülünk azzal a kérdéssel, hogy miért történhetnek ezek a dolgok, nincs válaszunk. El tudjuk képzelni, hogy ez nem történt volna meg, ha "valaki" figyelmeztetést adott volna ki.

Sokszor hirtelen különféle katasztrófák, például természeti katasztrófák jelenlétében vannak olyan emberek, akik azt állítják, hogy "negatív érzéseket" éltek át, aminek köszönhetően sikerült elkerülniük a legrosszabbat. Miért nem mindig történik meg? Miért nem történik meg mindenkinek? Miért nem ez történt a Gannan család esetében?

Érthetetlen előérzet.

Lehetséges azonban, hogy az a család figyelmeztetést kapott. Amint láttuk, Julie megindító versét olvasva a

Gannan család összes lánya szeretett írni. Lisa is örült a versírásnak.

Nyilvánvaló, hogy egy élettel teli lány, vidám, napos, mi mást írhatott volna, csak himnuszokat az örömért?

Lisa iskolába járt. Egy tanár kellemetlenül meglepődött, amikor nem sokkal a mészárlás előtt ezeket a sorokat olvasta Lisa naplójában:

"Why did you come to cry before my grave?
I'm not in the grave, I'm not sleeping.
I am a wandering star in the darkness of the night sky.
Don't cry here anymore,
I'm not in the grave, I live in the dark sky."

- Miért jött sírni a sírom előtt?
Nem vagyok a sírban, nem alszom.
Vándor csillag vagyok az éjszakai égbolt sötétjében.
Ne állj meg és sírj itt,
Nem a sírban vagyok, hanem a sötét égen élek."

Amikor a tanár megkérdezte tőle, miért olyan keserűek a versek, Lisa azt válaszolta, hogy nem tudja, mert spontán születtek az elméjében.

Ugyanakkor azt is fel kell tennünk magunknak a kérdést, hogy Lisa képes lett volna-e megérteni őket.

Lisát valószínűleg figyelmeztették, de ismeretlen, hermetikus nyelven, nehezen értelmezhető. Ezt a nyelvet a lány nem érthette.

Az összes dolog, ami körülöttünk történik, a furcsa egybeesések, a "jelek", ha nincs értelme, nem érthetők meg.

Ha viszont képesek vagyunk értelmezni egy jelentéktelen epizódot, akkor ugyanez az epizód számunkra jelentős egybeeséssé válik. Carl Jung pszichológus ezeket az eseményeket "pszichés szinkronitásnak" nevezi ".

Jung élete nagy részét e témák tanulmányozásának szentelte. Mindannyian sok üzenetet kapunk megfoghatatlan jelek, furcsa egybeesések, gyakran ismétlődő kombinációk, párhuzamok formájában. Azonban nem vesszük őket megfelelő figyelemmel.

Ez azért történik, mert ezeket a tényeket puszta eseteknek tekintjük. Nehéz elhinni, hogy a "valaki" annyira törődik velünk és megpróbál figyelmeztetéseket küldeni nekünk. Miért kellene ezt tennie? És ha meg akarja csinálni, miért nem fejezi ki magát tisztábban?

Ennek az ellenkezője történhet.

Az előző epizód értelmezési nehézségeivel ellentétben Mr. Woods sokkal nagyobb figyelmet fordított a veszély megérzéseire. Senior partner volt egy New York-i ügyvédi irodában. Úgy tűnik, hogy többször sikerült elkerülnie a közvetlen veszélyeket.

Valójában az interneten nagyon elterjedt anekdota szerint három támadást megúszott.

Először 1988. december 21-én volt, amikor Woods nem szállt fel a Pan Am 103. járatra. Ez a repülőgép egy Boeing 747-121 volt, amelyet Clipper Maid of the Seas-nak hívtak, és Londonból New Yorkba repült. A gép repülés közben felrobbant

A tragédia a skót Lockerbie város felett történt. 270 ember halt meg a repülőgép-balesetben, 259-en a repülőgép fedélzetén és 11-en a földön, a repülőgép roncsaitól elütve.

Másodszor, 1993. február 26-án megúszta a terrortámadást, a manhattani World Trade Center ellen. Ekkor a mélygarázsban elhelyezett robbanóanyaggal megrakott kisteherautó robbanása miatt 6 halott és több mint 1000 sérült volt.

Végül 2001. szeptember 11-én Mr. Woods röviddel az őket lebuktató terrortámadás előtt elköltözött az ikertornyok elől.

Még akkor is, ha ez a történet nincs pontosan dokumentálva, több tucat hasonló van, nagyon szerencsés emberekhez kapcsolódva, vagy ... ezek az emberek nagyon figyelmesek voltak a pszichés figyelmeztetésekre.

Mennyit nyom a lélek?

Sok olyan dolog van körülöttünk, amit nem értünk. Ez egy örök elítélés, vagy reménykedhetünk abban, hogy előbb-utóbb megtaláljuk a módját a megvilágításra?

Minden azt sugallja, hogy sok emberi képesség nem ismert, sőt, vannak olyanok, amelyeket nem is képzelünk. Más képességek csak intuitívak, mások, mint például a jövőkép és a telepátia, esküszünk, hogy léteznek, de nem tudjuk, hogyan kell őket helyesen használni.

Az elmúlt évszázadokban a világegyetem valóságával kapcsolatos tudományos előítéletek tagadták a pszichés valóságnak a természet működésébe való bevonásának minden lehetőségét.

A minket körülvevő világot a "szilárd anyag" keverékének tekintik, amelyet mechanisztikus szabályoknak vetnek alá. E felfogás szerint csak a mérhető és mérhető.

Pontosabb mérési módszerekre van szükség.

A felvilágosodás, egy kulturális és filozófiai mozgalom megjelenésével, amely Európában a 18. század körül alakult ki, kijelentették, hogy ha létezik a lélek, akkor meg kell tudni mérni súlyát. Ennek oka az, hogy nem létezhet olyan lélek, amely csak "szellemi anyagból" áll.

Tehát valaki úgy döntött, hogy nem sokkal a halál előtt és röviddel azután ellenőrzi az emberek súlyát. Meg akarta nézni, hogy más-e a súlyuk. Mivel a súly változatlan maradt, a kísérletező arra a következtetésre jutott, hogy a lélek teljesen nem létezik.

Úgy gondoltam, hogy ezt a kísérletet nevetségesnek lehet tekinteni megjegyzések hozzáadása nélkül. Ehelyett kaptam egy hírt, hogy valaki meg akarja ismételni a napjainkban.

A "21 gramm" című film 2003-ban készült, és 190 kísérletein alapul. A kísérleteket Dr. Duncan MacDougall vezetésével Dorchesterben játszották. Sok város van ezzel a névvel, de itt a Massachusetts-i (USA) városra hivatkozunk.

A tudós demonstrálni kívánta, hogy az emberi léleknek tömege van, ezért mérhető. Ezt pontosabb mérlegeszközökkel tette, mint az 1700-as években használtak.

Így ellenőrizte hat haldokló súlyát ezen emberek halála előtt és után. Következtetése az volt, hogy a lélek súlya 21 gramm. Innen ered a film címe.

A nagyobb biztonság érdekében az orvos szintén lemért egy kutyát ugyanazon módszerrel. Megállapította, hogy a súly ugyanaz maradt. Arra a következtetésre jutott, hogy az embernek lelke van, az állatoknak viszont nincs.

De ez mind rossz!

Amíg a tudomány úgy tesz, mintha ilyen jellegű materialista megközelítést alkalmazna, addig a tudomány és a psziché közötti párbeszédben nem lehet előrelépni.

Amit meg akarunk erősíteni ebben a könyvben, az az, hogy a valóság nem csak anyagból áll.

A magunknak feltett kérdések évszázadok óta ugyanazok:

- Lehetséges, hogy a pszichének is helye van az univerzumban anyagból?
- Van-e kapcsolat a psziché és az anyag között, és mi annak az alapja?
- Képes-e személyes lelkiismeretünk kommunikálni az univerzum összes többi lelkiismeretével?
- És melyek az univerzum többi tudata?
- Milyen eszközökkel valósulhat meg ez a kommunikáció a világegyetem különböző tudatai között?
- És végül, létezik-e globális tudat, "tudatalatti", amely összeköti és egyesíti az összes egyéni tudatot?

Ezek a kérdések összetettnek tűnhetnek, de nem lehetetlen közel kerülni azok megértéséhez. Sokan azon dolgoznak, hogy megkönnyítsék a feladatot. Ezek a tudósok komolyan és tudományos módszerrel teszik.

Ebben a könyvben bemutatom a legismertebb tudósok felfedezéseit, kísérleteit és tapasztalatait. Ezek az elméletek kapcsolódnak a kutatásban részt vevő tudományágakhoz, a pszichológiától a kvantumfizikáig.

Ha képesek megvizsgálni ezeket a témákat, ahelyett, hogy tudományos szempontból befolyásolónak ítélnénk őket, hozzájárulhat elménk képességének objektív megértéséhez és ahhoz, hogy miként képes párbeszédet folytatni az egyetemes Elmével.

Információterjesztő szerepemben megpróbálom feltárni az összes hipotézist, anélkül, hogy ezek felé hajolnék.

Normális és paranormális.

Az az állítás, hogy a pszichés jelenségek "paranormálisak", erősen megkérdőjelezhető. Valamit nevezhetünk "szokatlannak", ha ez nem gyakran fordul elő, vagy nem a legtöbb emberrel történik. Mindazonáltal mind személyes tapasztalatból tudjuk, hogy az extraszenzoros észlelések normálisan és gyakran fordulnak elő.

Ehhez az eseménykategóriához azonban a hivatalos tudomány pusztán negatív jelentéssel hozta létre a „para-" előtagot. A „para-" kifejezéssel meghatározunk minden olyan dolgot, amely a hivatalos tudomány szerint nem mérhető és mérhető a laboratóriumban, és ezért nem létezik.

Ezt a kritériumot követve sok olyan téma, amelyről ebben a könyvben beszélek, paranormális lenne, gyakorlatilag megtévesztések vagy mentális szuggesztió eredmények lennének.

Sok más nyitottabb tudós véleménye az, hogy másrészt ezek a tények normálisak, sőt nagyon normálisak, mivel nagyon sok embert érintenek, gyakran többször is.

Ezért magam is ezeket az eseményeket jelenségként definiálom, de nem a megvetendő epizódok értelmében. A jelenségek kifejezéssel szokatlan tényekre utalunk, amelyek további tanulmányozásra szorulnak, hogy érthetővé váljanak.

Nem szokatlan egy "mentális vízió", amely aztán valósággá válik. Így mindannyiunkkal megeshet, hogy olyan személyre gondolunk, akit sokáig szem elől tévesztettünk, és rövid idő múlva telefonhívást is kaphatunk tőle.

Ehhez hasonlóan gyakran sikerül lelkileg megosztanunk a szeretteinkkel néhány gondolatot, amely a szívünkben megnőtt. A megosztás akkor is megtörténik, amikor soha nem fejeztük ki ezeket a gondolatokat.

A materializmus hívei számára ezek fantasztikus alkotások, amelyek az agy anyagában születnek.

A materialisták szerint az emberi gondolkodási képesség az agyon belüli elektrokémiai jelek cseréjén alapul. Ezek a cserék a koponyán belül zajlanak. Semmi nem jöhet ki.

Ezért teljesen kizárt az a lehetőség, hogy a gondolatok más fejekből jönnek ki a fejünkből, vagy a fejünkbe kerülnek.

Minden, amit elképzelünk, születik és meghal az agyunkban, esélye sincs kijutni. Gondolataink nem utazhatnak az űrbe, és nem juthatnak el más agyakig.

Egyesek szerint talán úgy lehetne továbbítani a jeleket, hogy két agyat elektromos kábellel összekötnek. Vagy olyan wi-fi rendszerre lenne szükség, amely képes jeleket cserélni az agyak között.

Szerintük teljesen elképzelhetetlen a telepátián, vagyis a tiszta gondolat cseréjén alapuló wi-fi rendszer, fizikai kapcsolatok nélkül. Bár telepatikus jelenségek jelennek meg, a materialista tudomány szerint ezek nem fordulnak elő. Úgy döntöttek, hogy a telepátia nem létezik.

Ezen a ponton érdemes megkérdezni, hogy mi a tudomány. Talán a tudomány egy olyan rendszer, amelyben minden a többség előítéletei szerint halad?

Vagy a tudomány olyan rendszer, amelyben a kutatás minden lehetőség kizárása nélkül zajlik? Figyelembe kell venni, hogy túl sok tévedhetetlen tanárnak meg kellett változtatnia meggyőződését. sajnos gyakran előfordul, hogy a téves meggyőződéseket csak azután változtatják meg, hogy azokat mindenkire régóta rákényszerítik.

A felvilágosodás évszázadaitól egészen az utóbbi évekig a materializmus volt az egyetlen lehetséges valóság. Végül, a múlt század közepe óta a kvantumfizika leleplezései sok tévhitet töröltek.

A kvantumfizika megjelenése óta a megvilágosodott elmék kis hányada új távlatokat nyitott. Ezek a tudósok tovább nőnek, mivel a tudományos bizonyítékok elavítják a materialista elméleteket.

Ezek a férfiak átértékelték a psziché fogalmát. A psziché az anyaggal együtt a valóság leírásának alapvető összetevőjévé vált.

Az első, az extraszenzoros valóság tudományos kutatásával foglalkozó szervezet a "British Society for Psychical Research" volt.

British Society for Psychical Research

1882-ben a cambridge-i "Trinity College" három tagja létrehozta ezt a társadalmat. A nevük Chiaman Edmund Gurney, Frederic Myers és Henry Sidgwick volt. Edmund Rogers is részt vett az alapításban

A BSPR egy nonprofit egyesület, amelyet erre a célra alapítottak:

"Események és kapcsolattartási képességek tanulmányozása szeszes italokkal vagy paranormálisokkal. Támogassa és támogassa a fontos kutatásokat ezen a területen."

A társaságot azért hozták létre, hogy "paranormális jelenségeket tudományosan és pártatlanul vizsgáljon".

Ezért a BSPR pontosan azért született, hogy néhány jó kutatást végezzen a parapszichológiai vagy paranormális jelenségekről, és értékelje, mennyi igazság volt.

A kutatás hat területre összpontosított:

- telepátia;
- hipnotizmus vagy mágnesesség;
- kapcsolatok szeszes italokkal;
- jelenések; misztikus víziók;
- szeánszok során előforduló fizikai jelenségek;
- mindezen jelenségek története.

Az egyesület jelenleg Londonban és Cambridge-ben található. Az SPR francia ágát 1885-ben "Société Francaise pour les Recherches Psychiques" (SFRP) néven alapították. Ezt követően megalakult az amerikai "American Society for Psychical Research" (ASPR) ág.

Az egyesület híres támogatói Carl Gustav Jung, Mark Twain, Lewis Carroll, Carl Alfred, Lord Tennyson, J. B. Rhine és Arthur Conan Doyle voltak.

Az egyesületi tevékenység folytatódik a negyedéves "Journal of the Society for Psychical Research" (JSPR) kiadásával)

Még mindig nem elég.

A hivatalos tudomány fogadtatása a BSPR konfrontációjában hideg volt. Hermann Ludwig Ferdinand von Helmholtz német orvos, fiziológus és fizikus. korának egyik legtehetségesebb tudósa volt. Ezért "Kanzler der Physik" (fizikai kancellár) becenevet kapta. Nagyon határozottan kijelentette:

> *Soha nem fogok hinni a gondolatok átadásában különböző emberek között. Még akkor sem fogok meggondolni, ha meghallgatom a BSPR összes tagjának vallomását. Sőt, akkor sem fogok meggondolni, ha a saját szememmel látom.*

Ehhez hasonló megállapítások hang és kép továbbítása esetén is hangzottak el. Később azonban rádióhullámokat fedeztek fel.

Talán a hétköznapi fizikában jelenleg ismeretlen "pszichés hullámok" felfedezése sokakat elgondolkodtatni fog.

Kvantumszinten "pszichés hullámokat", vagy valami nagyon hasonlót feltételeznek lehetségesnek, és ezeket tanulmányozzák.

Sajnos a tudomány nagyon konformista, és mindenki alkalmazkodik a fennálló helyzethez, különösen, ha sokat kell veszítenie. A kutatási világ helyzete kiábrándító. Az extraszenzoros észlelésekről még mindig nagyon kevés komoly tanulmány készült.

Valójában, ha valaki a paranormális terület felé akarja fordítani az érdeklődését, biztosan nem talál finanszírozást, és komolyan veszélyezteti karrierjét.

Szerencsére a dolgok változnak, bár lassan. A materializmus ma már elavult tan.

Sajnos még mindig vannak nagy csoportok, makacsul elkötelezettek a materialista elméletek védelmében.

Jericho falai omlanak össze.

Van néhány közelmúltbeli felfedezés, bármennyire váratlanul dokumentálják és megerősítik azokat, amelyek felborítják az elmúlt évszázadok fizikájának meggyőződését, és döntően befolyásolhatják az extraszenzoros jelenségek (ESP) megértését.
Az utóbbi évek kinyilatkoztatásai, különösen a kvantumfizika és az univerzum tanulmányozása terén, teljesen más képet adnak a valóságról.
Néhány újdonságot idézek, amelyek hasznosak a következő fejezetek megértéséhez.

A "szemét DNS"

A molekuláris biológiában a "nem kódoló DNS" alatt olyan DNS-szekvenciát értünk, amely nincs alávetve az RNS-be történő transzkripciónak. Egyszerűbben fogalmazva: a "nem kódoló DNS" -nek nincs ismert funkciója, senki sem tudja, mire szolgál. Ennek a DNS-nek a nyilvánvaló hasznosság hiánya a szemét DNS kifejezés megalkotásához vezetett.
Számos hipotézist fogalmaztak meg. Az egyetlen bizonyosság azonban az, hogy az emberi genom körülbelül 98,5% -a nem kódoló szekvenciákból áll, azaz "ócskavas DNS".
Még más számítási módszereket is figyelembe véve, a DNS aránya, amely látszólag nem használatos, továbbra is magas (körülbelül 72,5%).

Évmilliók alatt a faj DNS-e érintetlenül tartotta a "haszontalan" részt. De nem tanítottak meg minket arra, hogy az evolúció a haszontalan részeket javításokkal helyettesíti?

Ezért nagyon valószínű, hogy ennek a "Szemét DNS-nek" valamilyen szerepe van, még nem tisztázott, egészen más és valószínűleg fejlettebb, mint a normális DNS szerepe.

Az agysejtek regenerálása.

A neurobiológia eredete óta azzal érvelt, hogy a felnőtt emlősök (tehát az ember is) agya nem képes új idegsejteket létrehozni. Ahogy öregszünk, az agy menthetetlenül a bomlás felé halad.

Körülbelül húsz évvel ezelőtt, az agy őssejtjeinek felfedezésével, ez a bizonyosság eltűnt, és ma már tudjuk, hogy a felnőtt agy egyes területein új idegsejtek képződhetnek.

Az egereken végzett kísérletek alapján az agy naponta akár 10 000 új idegsejtet termelhet.

Az agy ellenálló képessége rendkívül nagy, mint azt néhány évtizeddel ezelőtt hitték.

Következésképpen át kell gondolni az emberi agy működését és képességeit. 1980-ban a rangos "Science" tudományos folyóirat dokumentálta a Nagy-Britanniában, a Sheffieldi Egyetemen kezelt beteg esetét.

A beteg fiatal diák volt, akiről kiderült, hogy agyatlan. Nem volt agya. Ennek ellenére a fiú IQ-értéke 125. Ez az érték minden bizonnyal meghaladja az átlagot. Valójában a fiatalembernek kiváló matematikával sikerült diplomát szereznie.

(Forrás: R. Lewin: "Tényleg szükséges az agyad?", Science 210, 1232–1234, 1980.)

Számos más eset ismert olyan egyénekről, akiknek a súlyos agyi rendellenességek ellenére is meglehetősen normális életet tudnak élni.

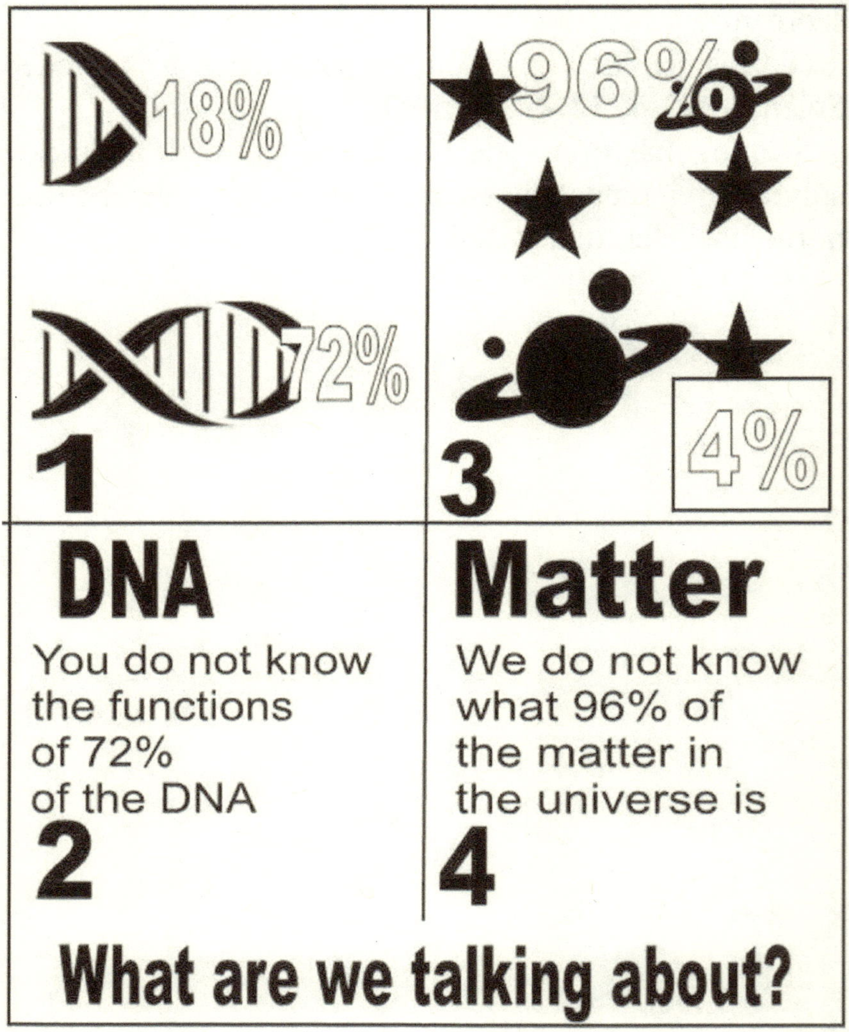

3. ábra Ismereteink a világról, amelyben élünk, még mindig olyan korlátozott, hogy nagyon keveset lehet mondani és semmit sem lehet tagadni.

1-2. A DNS 72% -ának ismeretlen funkciója van.

3-4. Szinte az egész univerzum "sötét anyagból" áll.

A világegyetem 96% -a nem található meg.

Akik követik a csillagászati kutatás fejleményeit, azok már hihetetlen tényt tudnak. Amikor azt hitték, hogy minden már ismert, kiderült, hogy az univerzum mintegy 96% -a "sötét anyagból" áll. Ez egy olyan anyag, amiről semmit sem tudunk. Csak azt tudjuk, hogy létezik.

Ez az anyag nem látható, nem mérhető, de tudjuk, hogy van. Ha nem lenne ott, akkor az univerzum a gravitációs törvény alapján nem működhetne úgy, ahogy működik.

Eddig a világegyetem felfedezései jóslatokon alapultak, amelyek később helyesnek bizonyultak. Megjósolták például a neutrino és a Higgs bozon létezését. Ezek az előrejelzések beigazolódtak.

Ma a világegyetem 96% -ának megfelelő részének létezését jósolják, és éppen azért hívják "sötét anyagnak", mert láthatatlan és nem mérhető. Arra várunk, hogy megtudjuk, ez a jóslat is pontos lesz-e, vagy a világegyetem valamilyen más okból így működik.

Eszébe jut Lord Kelvin, korának egyik legkiválóbb fizikusa nyilatkozata. 1900-ban, amikor úgy tűnt, hogy Newton mechanikája és elektromágnesessége megmagyarázza az összes fizikai valóságot, azt mondta:

> *"A tudományban nincs semmi új felfedezés: csak pontosabb méréseket végezhetünk."*

Valószínűleg azonban még a valóság 1% -át sem fedezték fel az ő korában.

2. rész A világ lelke.

"I simply believe that some part of the human Self or Soul is not subject to the laws of space and time."
(Carl Gustav Jung)

"Egyszerűen meg vagyok győződve arról, hogy az ember" Énjének "vagy Lelkének egy része nem vonatkozik a tér és idő törvényeire."
(Carl Gustav Jung)

A tudat, hogy "minden egy dolog".

A lét hajnala óta az ember gondolatát elbűvöli és magában foglalja az a koncepció, miszerint a teremtés mind átfogó kötelék révén kapcsolódik össze. Ez nem egy anyagra utaló link kérdése. Ez egy pszichés kapcsolat, amely meghaladja az anyagot.

A pogányság és az első animist vallások úgy vélték, hogy minden valóság, még a legegyszerűbb is, spirituális jelenlétet tartalmaz, gyakran kapcsolódva a "teremtés lelkéhez".

Platón és az "Anima mundi".

Az elsők között egyetemes lélekről beszélt Platón, egy görög filozófus, aki Kr. E. 428 és 340 között élt. aki a "Tímea" -ban idézte fel a koncepciót, az ősibb keleti hagyományokból vette át. Platón így ír:

> "Wherefore, using the language of probability, we may say that the world became a living creature truly endowed with soul and intelligence by the providence of God". (Plato, Timaeus, chapter VI, 30b-30c)

"Ezért egy valószínű tézis szerint el kell mondani, hogy ez a világ olyan élőlényként született, aki valóban lélekkel és

intelligenciával rendelkezik az isteni jóindulatnak köszönhetően" (Platón, Tímea, VI. Fejezet, 30b-30c)

Platónnak a materializmussal is problémái voltak, amelyet abban az időben egy másik filozófus, Democritus képvisel. Demokritosz Kr.e. 460-tól 370-ig élt. Támogatta az atomizmus tézisét. Ez a tézis az első gondolkodási formát képviseli, amely szerint az anyag alkotja a dolgok egyetlen anyagát és az egyetlen oka.

Plotinus keresztény filozófus a harmadik században élt. Platón gondolatára hivatkozik, amikor a "Enneidi" című művében a következőket írja:

"This universe is a unique animal that contains in itself all the animals, having only one Soul in all its parts".
(Plotinus, The Enneads IV, 4, 32)

„Ez az univerzum egy egyedülálló állat, amely magában foglal minden állatot. Valójában az univerzumnak minden részében csak egy Lélek van "(Plotinus, Enneadi IV, 4,32).

Később meg tudjuk különböztetni a nyugati és a keleti gondolkodást.

"Anima mundi" a nyugati gondolkodás szerint.

Conches William, a XII. Századi francia tudományfilozófus, aki a kereszténység gondolatát értelmezi, amelyhez kapcsolódik, a következő szavakkal beszél a "világ lelkéről":

The Soul of the World is a natural energy beings for which some have only the ability to move, the other to grow, others to perceive through the senses, others to judge. The question is ... what is that energy. But, as it seems to me natural that energy is the Holy Spirit, which is a benign and divine harmony that is that from which all realities have to be, to move, to grow, the feeling, the experience, the judge."

„A világ lelke a teremtmények természetes energiája. Ennek az energiának köszönhetően egyes lények képesek mozogni, mások növekedni, mások érzékeken keresztül érzékelni, mások ítéletet alkotni. [...] Szeretnénk tudni, mi ez az energia. Természetesen ez a természetes energia a Szentlélek. Ez az energia isteni és jóindulatú. Minden dolog létezhet, növekedhet, mozoghat, érezhet, élhet, megítélhet ennek az energiának köszönhetően ".

A 16. században a "világ lelke" koncepcióját Giordano Bruno támogatta. Ez a filozófus egy Istent képzel el, amely annyira jelen van a természetben, hogy azt mondhatja, hogy maga a természet Isten.

Még Tommaso Campanella filozófus is azt állította, hogy a létező valóság minden elemének van tudata.

"Anima mundi" keleti gondolkodásban.

A nyugat tipikus formáival párhuzamosan a "világ lelke" fogalma keleten is kialakult, olyan vallásokban, mint a hinduizmus, a buddhizmus és a taoizmus.

Még a keleti vallásokban vagy filozófiákban is az az elképzelés érvényesül, hogy az univerzumot egységes és kompakt erő mozgatja.

Kínában ez az erő a Tao, ez az a tevékenység, amely egységbe hozza a "yin és yang" által képviselt kozmikus dualizmust.

A híres "Tao Te Ching" szövegben Lao Tse mester a következő versekkel írja le a taót:

> There was something undefined and complete, coming into existence before Heaven and Earth.
> How still it was and formless,
> standing alone, and undergoing no change, reaching everywhere and in no danger. It may be regarded as the Mother of all things.
> I do not know its name, and I give it the designation of the Dao. Making an effort to give it a name I
> call it The Great.

Van, ami válogatás nélkül tökéletes.
Ez a menny és a föld születése előtt létezik.
Milyen nyugodt! És milyen üres!
Független és változhatatlan.
A Tao akadályok nélkül körbe-körbe vándorol.

A taót a világ anyjának tekinthetjük.
Nem tudod a nevét.
"Tao" -nak hívom.
"Mi nagyszerű" -nek hívom.
Ez a név azonban nem elegendő a nagyságának kifejezéséhez.

Carl Jung a "szinkronitásról" szóló esszéjében kommentálja a "Tao Te Ching" e verseit. Az idézetben Jung Richard Wilhelm tudósra hivatkozik. Wilhelm Tao-t a "dolgok értelmének" fordítja.
Így a Tao a világegyetem valóságainak jelentését képviseli.
Hasonlóképpen, a "szinkronitás" események csak akkor válnak értelmessé, ha az eseményt átélő személy nem összefüggő tények sorozatának tulajdonít jelentést.
A Jung által leírt "jelentésnek" nincs fizikai természete. Ez kizárólag a psziché intuíciója.
A "Tao te Ching" ezeket a verseket is tartalmazza:

"The Tao (meaning) causes things
In a misty, indistinct manner.
So indistinct, so foggy
Images are in him,
so foggy, so indistinct
things are in him ...
....
You look for it with your eyes and you don't see it,
this means, expressed with a name: what is aerial.
He strains his ear and does not hear it,
this means, expressed by a name: the subtle
He holds out his hand and does not grasp it,
this means, with a name: the incorporeal.
...
It means form without form,

the image without a thing.
It means the nebulous-vanished,
you go towards him and you can't see his face,
if you follow it you can't see its back."

A Tao (jelentése) eseményeket generál.
Ködös, homályos módon szüli őket.
Mennyire homályosak, mennyire ködösek a Tao-n keresztül látott mentális képek!
Mennyire homályosak, mennyire ködösek a Tao-n keresztül látható anyagi dolgok!
....
A szemeddel keresed a Taót, és nem látod.
A neve "éteri".
Megerőlteti a fülét, hogy hallja a Taót, és nem hallja.
A neve "vékony".
A Tao-t keresi a kezével, és nem fogja meg,
A neve "anyagi testtől mentes".
...
A Tao jelentése "forma nélküli forma".
A Tao jelentése "dolog nélküli dolog".
A Tao jelentése "ködös-eltűnt".
Ha a Tao-hoz megy, nem látja az arcát.
Ha követed, nem látod a hátát.

A hinduizmus és a buddhizmus számára a "világ lelke" az "" Ātman ".

Ez az "Én", valami egyéni és belső elv. Ez a személyes és belső elv elválaszthatatlanul egyesül Brahmannal, az egyetemes és külső elvvel.

Csoda történik a "West Side Baptista Egyházban".

1950. március 1-jén, szerdán hideg este a szokásos módon a Nebraska-i Beatrice városában, a West Court 488. szám alatt található West Side Baptista Gyülekezet kórusának tagjai találkozni készültek.

A kórus énekpróbáinak 19.30-kor kellett kezdődniük. Általában a tizenöt énekes közül senki sem érkezett késve, a többiek iránti tiszteletből. Sőt, az elkötelezettséget azok felelősségével hajtották végre, akiket Isten dicsőségére szolgáló szolgálatra hívtak.

Három perccel a kezdés előtt, pontosan 19: 27-kor, amikor a kórusmester általában stafétával a kezében volt a dobogón, felrobbant a templom. A falakat és a tetődarabokat, a bútorokat, a székeket és a szoba minden más részét több tíz méteren keresztül dobálták körbe. Az ok, amelyet a tűzoltóság később megállapított, gázrobbanás volt.

Hihetetlen egybeeséssel mind a tizenöt énekest megmentették, mert aznap este senki sem érkezett meg időben. Különösen Walter Kiempel tiszteletes lelkész, felesége és lánya, Marilyn Ruth az utolsó pillanatban rájöttek, hogy lányuk ruhájának foltja van, és időt vesztegetett, mert a másik ruhát ki kell vasalni.

Herb Kipf jegyzőnek sürgős levelet kellett kitöltenie cége vezetőségéhez, majd elment a postaládába, hogy másnap reggel elküldje. Következésképpen a nagynénje, Esther Stuermer is későn érkezett meg vele.

Dorothy Wood, egy fiatal diák, beteg apja gondozásával volt elfoglalva, ezért problémái voltak, amelyek a késést okozták. Mivel nem lakott messze a templomtól, mindig gyalogosan tette meg az utat szomszédjával, Lucille Jones-szal, aki nem látta, hogy eljön, várta.

Paul asszonynak, a kórus igazgatójának kellett segíteni fiát egy megbízásban. Ennek eredményeként Marilyn és lánya egyaránt későn érkeztek. Harvey Ahl is későn gondozta a gyerekeket. Ladona Vandergrift, Royena Estes és Sadle Esh, akik ugyanabban az autóban utaztak, mechanikai problémákkal küzdöttek.

Joyce Black, eleinte úgy döntött, hogy nem megy ki aznap este, a hideg miatt, de aztán kiment. A határozatlanság miatt azonban későn érkezett.

Végül Leonard Schuster segített anyjának felkészülni egy missziós találkozóra, és nem vette észre, hogy elkésett.

Egy sor körülménynek köszönhetően a kórus 15 tagja közül senki sem szenvedett kárt a robbanásban. Használható-e a véletlenszerűség a véletlenek e hihetetlen láncolatának magyarázatára? Valójában ezek a "szokatlan késések" minden bizonnyal túl sok.

Carl Gustav Jung szerint, amikor a véletlenek annyira megismétlődnek, azoknak értelme lehet azoknak, akik ebben a helyzetben élnek. Jung szerint furcsa tények sora válhat „jelentőssé”.

BEATRICE DAILY SUN

on Still
s Gloomy
r Picture

Rail, Phone,
time Strike
nts Looming

Gas Is Blamed For Church Explosion

Find 2 Leaks In Main Not Very Distant

Gas May Have Followed Pipe Through Frozen Ground

Legal Snarls Signing Of C

Contract May Not Be
Lewis Meets With

Happy Miners Toast Lewis; Rarin' To Go

Coal Diggers Elated Over Chance To Get Back To Work

4. ábra: A Beatrice Daily Sun címlapja a robbanás hírével.

5. ábra: A West Side Baptista Templom épülete az 1950. március 1-jei robbanás után.

Az úgynevezett "jelentős" egybeesések tanulmányozása lehetővé tette Jung számára a "szinkronitás elméletének" kidolgozását.

A "Carl Jung szinkronossága" kifejezés két vagy több olyan esemény közötti kapcsolatot jelzi, amelyek minden közös ok nélkül bekövetkeznek. Az eseményeknek önállóan kell történniük. Egyik esemény sem lehet más esemény következménye. Egyetlen esemény sem befolyásolhatja a sorozat másik eseményét. Ezenkívül a "dzung szinkronitást" alkotó eseményeknek bármikor meg kell történniük. Az ésszerűség kritériuma szerint azonban össze kell kapcsolni őket, még akkor is, ha időben távoliak.

Valójában nincs ok-okozati összefüggés a kórusok késése és a templom robbanása között: a robbanás nem lehet a késések oka. Valójában később történt. Hasonlóképpen, a késedelem nem okozza a robbanást.

Fontos megjegyezni, hogy az összes késés összege tizenöt ember üdvösségének oka lett. Ennek köszönhetően elhihetjük, hogy ennek az eseménynek különleges jellemzői vannak.

Fizikai valóságunkban senki sem tudhatta, hogy az egyház fel fog robbanni. De talán a valóság egy másik szintjén ismerték a dolgot. Ezen a szinten nem létezik idő és tér, minden már ismert.

A múlt és a jövő nélküli szinten a veszély tudatossága és ugyanazon veszély bekövetkezése egyszerre és örökké fennáll.

Ha az emberi tudat eljuthat erre a szintre, akkor bármilyen veszély előre megismerhető lenne. Ezért minden veszély elkerülhető volt. Sajnos nem tudjuk megtenni ezt az utat. Azonban néha az információ átveszi a vezetést, és minket keres. Az információk rejtélyes módon érkeznek. Hirtelen "tudjuk". Ezekben az esetekben ismeretlen dolgokat ismerhetünk meg.

Harmadik rész. Carl Jung szinkronitása.

"Life is a game in reverse. The truth is that all our situations or circumstances have their beginning in our mind. Our idea of who we are create what we become. The great news is that you can change your ideas and change your life. " (Carl Gustav Jung)

„Az élet egy olyan játék, amely visszafelé működik. Az az igazság, hogy minden olyan helyzetben vagy körülményben, amelyekben részt veszünk, a fejünk kezdődik. Az az elképzelésünk, hogy kik vagyunk, létrehozza azt, amivé válunk. A nagy hír az, hogy megváltoztathatja a meggyőződését önmagáról, így megváltoztathatja az életét. " (Carl Gustav Jung)

Carl Gustav Jung. A szinkronitás és a kollektív tudatalatti.

A "világ lelke" tudományosabb meghatározásának egyik módszere az azonosítása a "kollektív tudatalatti" elnevezésű elmélettel. Ezt az elméletet Carl Jung, az ünnepelt pszichoanalitikus, pszichiáter és antropológus fejlesztette ki, született Svájcban, Kesswilben, 1875. július 26-án.

A kollektív tudattalan az "ötletek" konténerét jelenti, amelyek az "ősi pszichés fogalmak" vagy archetípusok. Olyan ez, mint egy magasabb tudatosság, amelyhez minden egyéni tudat kapcsolódik, így annak tartalma megosztható. (Lásd a 6. ábrát)

A kollektív tudattalanban található "őslélektani fogalmak" azok a formák és szimbólumok, amelyek minden kultúra minden népében megnyilvánulnak. Mindannyian profitálhatunk a kollektív tudatalatti tartalmából.

Jung a kollektív tudatalatti elméletét az összes embert érintő furcsa egybeesések vizsgálatából indul ki.

Amikor ezek az egybeesések olyan jelentős módon megnyilvánulnak, hogy nem tekinthetők csupán a véletlen gyümölcsének, szinkronitássá válnak. A szinkronitások a kollektív tudatalattiból származnak.

A jelentős egybeesések már nem tekinthetők a véletlen eredményének, de magyarázatukhoz magasabb tudatszintre van szükségük.

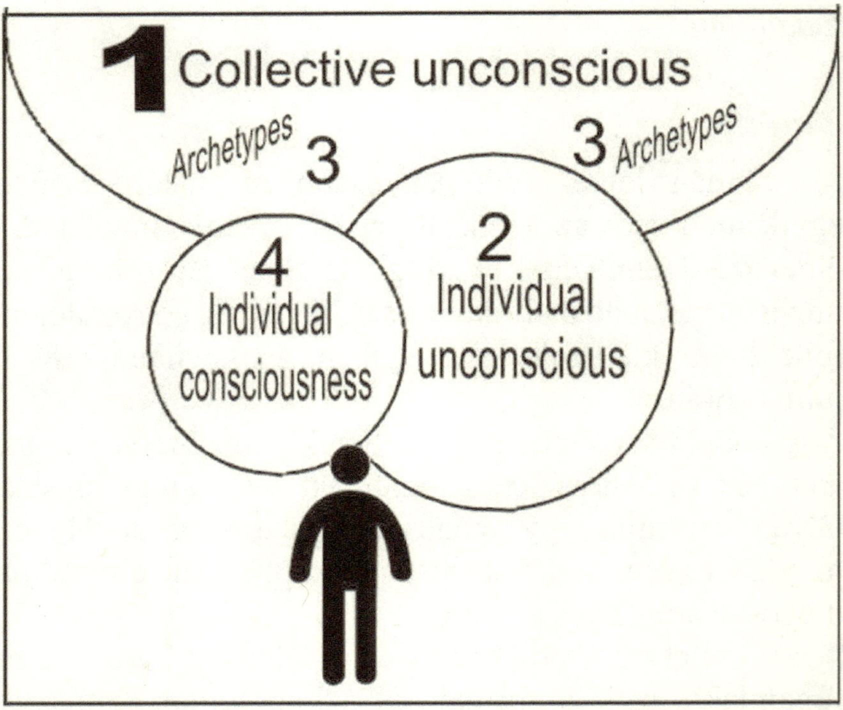

6. ábra Jung szerint az emberi psziché három rétegre osztható: tudatosságra, az egyéni tudattalanra és a kollektív tudattalanra.

1 A kollektív tudatalatti. az egész emberiség.

2 Minden egyén tudatalattija.

3 A kollektív tudatalattiban jelenlévő archetípusok.

4 Személyes lelkiismeret.

A Jung által kidolgozott elmélet szerint az emberi psziché három különböző rétegre osztható: a tudatos, az egyéni tudatalatti és a kollektív tudatalatti. A tudatos szint magában foglalja az összes elképzelést, amelyekről az ember teljesen tisztában van.

Minden egyénnek van egy öntudatlan része. Ez a psziché azon dimenziója, amelyről az egyén nincs közvetlen tudatában. Ösztönöket, gondolatokat, érzelmeket, viselkedési modelleket tartalmaz a cselekedetei alapján.

Ehelyett a kollektív tudatalatti az emberiség összes tudását tartalmazza, archetípusok formájában.

A szinkronitás olyan esemény, amelyen keresztül az archetípusok a kollektív tudattalanból egyéni tudatunkba áramlanak, jelentős hatással a valóságunkra.

Mindkét, az előző oldalakon elmesélt esetben, a Lisa Gannan részvételével folytatott Baruhill utcai mészárlás és a West Side Baptista Egyház robbanása, amely a kórus tizenöt tagját érintette, azonosíthatunk egy szinkron eseményt.

Vékony kapcsolat hozhatta meg a fiatal Lisa üdvösségét. Ugyanez a kapcsolat határozta meg az énekesek biztonságát. Meg kell kérdeznünk magunktól: milyen erő, milyen rejtély, mi van a vékony összekötő szál másik végén?

Ezeknek az eseteknek a tartalma valóban lehetővé teszi számunkra, hogy szinkron epizódként azonosítsuk őket? Próbáljuk meg részletesen megvizsgálni a két eseményt, hogy lássák, hogyan alakulnak egyszerű véletlen egybeesésekből szinkronitássá.

Szinkronitás a Baruhill Street rendezvényen.

Néhány nappal a mészárlás előtt Lisa Gannan írt néhány zavaró verset, ellentétben vidám és napos temperamentumával.

Egy középiskolai tanár elolvassa a verseket, és megkérdezi Lisát, miért olyan szomorú. Lisa azt válaszolja, hogy nem tudja, a versek spontán érkeztek hozzá.

Az epizód triviális egybeesésnek tekinthető. (Lásd a 7. ábrát)

Valamivel később bekövetkezik a mészárlás, amelyben Lisa életét veszti. Nincs kapcsolat a mészárlás és a szomorú sorok írása között. A mészárlás csak egy hír, egyenlő mindazokkal, amelyek a világon minden nap előfordulnak. (Lásd 8. ábra)

Ha a két tényt külön-külön vesszük figyelembe, láthatjuk, hogy nincs kapcsolatuk egymással. Egyik esemény sem volt a másik oka.

Próbáljuk azonban együtt megvizsgálni a két részt.

Próbáljuk megadni a két ténynek azt a "jelentést", amely összeköti őket.

Ha a két epizódot összekapcsolja egy "érzék", akkor azok már nem triviálisak, de jelentősek. (Lásd a 9. ábrát)

Az összekapcsolt tények az ábrához hasonlóan szinkronitást képviselnek. A 10. ábrán láthatjuk, hogyan épül fel a szinkronitás.

Van azonban kételyünk. Lisát figyelmeztették a várható veszélyre. Megkérdezhetjük magunktól, hogy miért nem figyelmeztették a többi áldozatot.

 7	Lisa Gannan writes unusually sad verses that evoke death	It is a trivial causality, due to a moment of "black humor"

 8	Malcom Baker enters the house of Thomas Gannan and kills six people	A case of Black chronicle how so many happen

 9	Lisa Gannan writes unusually sad verses that evoke death	According to what will happen shortly, we consider the fact as a premonition
	Malcom Baker enters the house of Thomas Gannan and kills six people	This event confirms Lisa Gannan's premonition

7. ábra Lisa Gannan szokatlanul szomorú sorokat ír a halálról. Ennek oka lehet egy pillanatnyi negatív hangulat.

Lisa verseket ír, mint régen. Ez nem tűnhet szokatlannak. Az egyetlen furcsaság, hogy különösen pesszimista szavakat és fogalmakat használ.

8. ábra: Malcolm Baker belép Thomas Gannan otthonába, és hat embert megöl.

Ez a bűnügyi hírek szokásos esete. Sok ehhez hasonló eset fordul elő. A krimi része a Malcom Baker által okozott mészárlás, amelynek során saját fiát is megöli.

9. ábra A hamarosan bekövetkező események fényében ezt a tényt a jövőképnek tekintjük. Malcolm Baker belép Thomas Gannan házába, és hat embert megöl.

Ez a bűnügyi hírek szokásos esete. Sok ehhez hasonló eset fordul elő. A Malcom Baker által okozott mészárlás a bűnügyi jelentés része.

A mészárlás azonban megerősíti Lisa Gannan negatív véleményét. Ha a két tényt együtt vesszük figyelembe, akkor a Lisa által írt vers a jövő jóslatává válik. A mészárlás megerősíti Lisa jóslatát.

Valójában tudjuk, hogy Lisa csak egy makabros verset írt annak a tanárnak a tanúvallomásának köszönhetően, aki elolvasta a verset. Különben soha nem tudtuk volna ezt a körülményt. Maga Lisa sem tulajdonított jelentőséget költészetének.

Sajnos a Lisa által kapott nyomozás röpke volt, és feloldódhatott az emlékezetében.

Ha igen, akkor elképzelhetjük, hogy a mészárlás többi áldozata is kaphatott figyelmeztetéseket. Ezeket a figyelmeztetéseket azonban nem vették figyelembe.

Vizsgáljuk meg a 10. ábrát. Ez egy olyan hipotézist képvisel, amely a Carl Jung által kidolgozott elméletre utal. Nyilvánvalóan ez egy egyszerűsített rekonstrukció. Ennek az újjáépítésnek a célja a tudat különféle rétegeinek részvételének megértése.

1. pont: Malcolm Baker személyes tudatalattija gyilkos szándéktól "duzzad". Talán Malcolm tudatos részében még nem érzékeli. Azonban a tudatalattiban, amely az elsődleges ösztönök és érzelmek székhelye, erősödik az ölni akarás. Ez létrehoz egy "feszültségmezőt", amely károsítja pszichéjének harmóniáját.

2. pont. A feszültség felemelkedik a kollektív tudatalatti felé és izgatja

a gyilkosság "ősi pszichés fogalma vagy" archetípusa ".

3. pont. Az izgalom "szenvedésmezőt" hoz létre a gyilkosság és a "halálfélelem" archetípusa között. Ez

utóbbi "energiamezőt" generál. Az "energia mezőből" származnak azok az információk, amelyek közlik a riasztást Lisa személyes tudatalattijával.

4. pont Lisa személyes tudatalattija a birtokában lévő eszközökkel dolgozza fel az információkat. A cél az információ lehető legnagyobb mértékben érthetővé tétele Lisa tudatában. Lisa tudatalattijában az egyik eszköz a verses versírás iránti hajlandóság. A kollektív tudatalattitól kapott információt ennek az eszköznek a segítségével dolgozzuk fel.

5. pont. A kollektív tudatalattiból érkező információkat versírással fejezik ki Lisa lelkiismerete. Sajnos Lisa azonban nem fogja fel az írása tragikus jelentését. Csak megjegyzi, hogy a sorok "az elméjében születtek".

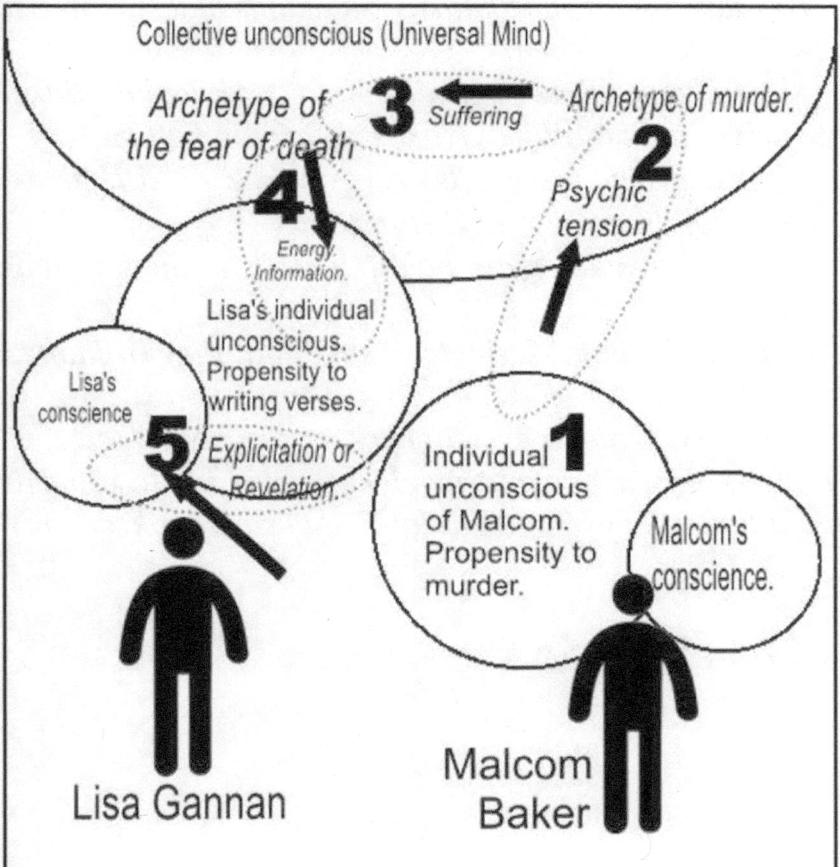

Hypothesis on the formation of synchronicity in the case of Lisa Gannan.

10. ábra: A "szinkronitás" kialakulásának hipotézise Lisa Gannan esetében.

1 Malcolm Baker lelkiismerete. Malcolm Baker személyes tudatalattija. Gyilkosságra való hajlam.

2 Feszültség merül fel a gyilkosság "őslélektani koncepciójában vagy" archetípusában ".

3 A "szenvedés" a "halálfélelem" archetípusában születik meg.

4 Lisa Gannan személyes tudatalattija. Hajlam a költészetre.

5 Lisa Gannan egy tragikus költeményen keresztül fejezi ki azokat az információkat, amelyek a kollektív tudatalattiból egyéni tudatalattijába áramlottak.

"Pszichés erőterek" és a módosított valóság.

Fontos megjegyezni, hogy a "mező" kifejezést többször használtuk a "feszültség mezője", a "szenvedés mezője" és az "információ mező" jelölésére. A következő fejezetekben részletesen visszatérünk a "mező" fogalmára.

Egy másik fontos dolog az, amit "átalakító akciónak" nevezhetünk. Ez a változás, amelyet a szinkron esemény bekövetkezett Lisa kedélyében. Napos és örömteli hajlamú lány mélyen szomorú verseket írt. A szinkronitás epizódok "átalakulást" generálhatnak, mivel a kollektív tudatalattiból érkező "erőtér" információkat és energiát egyaránt tartalmaz.

"Szinkronitás" a kórusénekesek esetén, akiket megmentett az egyházi robbanás.

A West Side-i Baptista Egyház robbanása esetén a szinkronitás sokkal nyilvánvalóbb átalakulást generált. Valójában ebben az esetben a szinkronitás "fizikailag" átalakította a valóságot. Valójában előre nem látható események történtek, amelyek késleltették a tizenöt énekes érkezését. .

Ebben az esetben is, ha egyesével megvizsgáljuk a késések okait, láthatjuk, hogy ezek triviális esetek. Mind hasonlítanak azokhoz, amelyek bárkivel megtörténhetnek. A 12. ábrán néhány látható.

Ezeknek a késéseknek semmi köze a csak később bekövetkező robbanáshoz. A 11. ábrán a templom robbanását önmagában ábrázolják, anélkül, hogy okozati összefüggés lenne a zenészek késéseivel.

	At 7.30 pm the singing tests must begin. At 7.27 the church explodes.	It is a trivial accident due to a gas leak.

11. ábra: A kórus énekpróbáinak kezdete 19.30-kor lesz. 19 óra 27 perckor azonban felrobban a templom. Ez egy triviális baleset gázszivárgás miatt. Így a robbanás nem más, mint egy műszaki baleset nyilvánvaló következménye.

1	Pastor Walter Kiempel, his wife and daughter are delayed to iron a dress.	It's a simple delay as it can happen at all.
2	Harvey Ahl delays because he has to look after his two children.	It's a simple delay as it can happen at all.
3	Ladona Vandergrift, Royena Estes and Sadle Esh are delayed due to car problems.	It's a simple delay as it can happen at all.
4	Joyce Black delays because is afraid of Cold	It's a simple delay as it can happen at all.
5	All the other Choristas...... delay for trivial randomness	

12. ábra: Az ábra szemlélteti a zenészek néhány késését. Minden késés, külön-külön tekintve, triviális egybeesésnek tekinthető.

1 Walter Kempel lelkész későn érkezik, mert felesége ruhát akar vasalni.

2 Harvey Ahl későn érkezik, mert két gyermekére kell vigyáznia.

3 Ladona Vandergrift és barátai későn érkeznek, mert autójuk mechanikai problémákkal küzd.

4 Joyce Black későn érkezik a hideg külső hőmérséklet miatt.

5 Minden zenész triviális okokból késik.

	Pastor Walter Kiempel, wife and daughter slow down.	Since all delay it is a SIGNIFICANT COINCIDENCE
	Harvey Ahl delays.	Since all delay it is a SIGNIFICANT COINCIDENCE
	Ladona Vandergrift, Royena Estes and Sadle Esh delay.	Since all delay it is a SIGNIFICANT COINCIDENCE
	Joyce Black delays.	Since all delay it is a SIGNIFICANT COINCIDENCE
	Herb Kipf and Aunt Ester delay.	Since all delay it is a SIGNIFICANT COINCIDENCE
	Dorothy Wood and Lucille Jones delay.	Since all delay it is a SIGNIFICANT COINCIDENCE
	Leonard Schuster delays.	Since all delay it is a SIGNIFICANT COINCIDENCE
	Mrs. Paul and her daughter Marylin are delaying.	Since all delay it is a SIGNIFICANT COINCIDENCE
	At 7.30 pm singing rehearsals must begin. At 7.27 pm a church explodes.	All these coincidences indicate that a synchronicity has occurred.

13. ábra Az énekpróbákat 19.30-kor hívják össze. 19.27-kor felrobban a templom.

Minden zenész késón érkezik. MINDEN tizenöt ember késése abszolút rendkívüli esemény. Így a késések halmaza "jelentős egybeeséssé" válik.

Az egybeesés jelentősége abból adódik, hogy a késések mind teljesen szokatlan módon következtek be. Mivel a késések összege nem sokkal a robbanás előtt következett be, és meghatározta a tizenöt zenész biztonságát, arra következtettünk, hogy ez "Carl Jung szinkronossága".

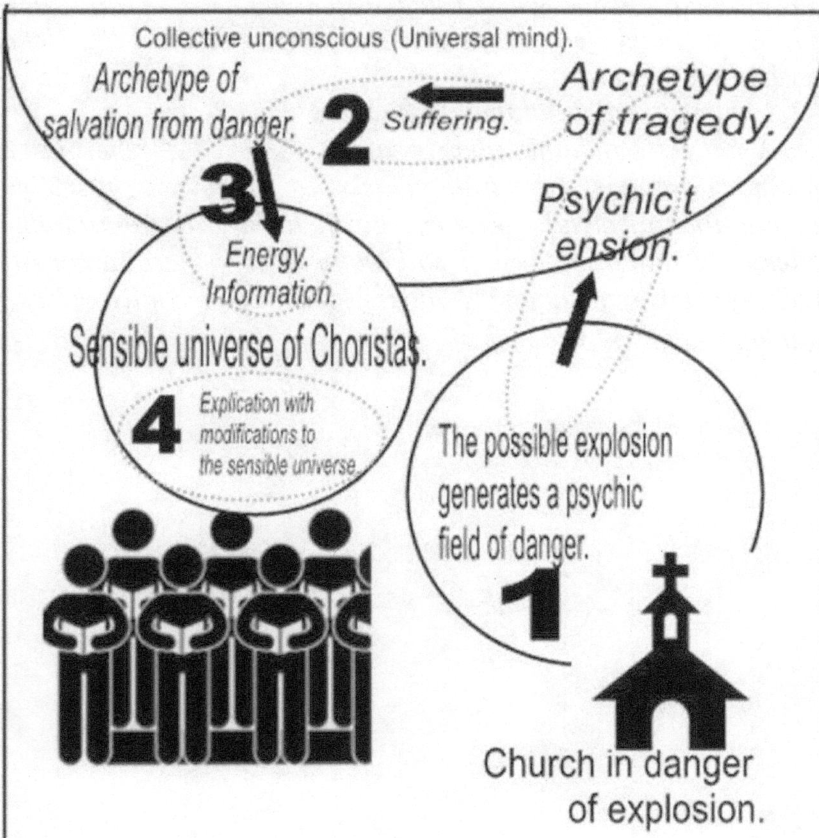

Hypothesis on the formation of synchronicity in the case of the fifteen choristers.

14. ábra: A szinkronitás kialakulásának egyszerűsített hipotézise a West Side Baptista Egyház robbanása esetén.

1 A templom felrobban. Az esetleges robbanás "pszichés veszélyteret" generál.

2 A kollektív tudatalattiban "szenvedés" keletkezik.

3 A kollektív tudatalattiban született "szenvedés" energia- és információáramlást generál, amely a zenészek személyes tudatalattijába irányul. . 4 Az energia és az információ áramlik a kollektív tudatalattiból, és "fizikai átalakulást" generál a kórusok érzékeny univerzumában. Mindez látszólag triviális késések kialakulásában valósul meg.

Ha azonban figyelembe vesszük, hogy mind a tizenöt kórus késést regisztrált (ami teljesen szokatlan, mivel általában mind időben voltak), akkor rájövünk, hogy ez már nem egyszerű eset.

Tizenöt késés egybeesése abban a pillanatban következett be, amikor az egyház felrobban, jelentőssé válik, és kétségtelenül lehetővé teszi számunkra, hogy bepillantást nyerjünk egy szinkron eseménybe. (Lásd a 13. ábrát)

Ebben az esetben is rekonstruálhatjuk a 14. ábrán (teljesen szemléletes módon) azokat a részeket, amelyek a szinkronitás eseményének kialakulását magyarázzák.

1. pont. A templom felrobban. Ez létrehoz egy "feszültségteret", amely magában foglalja a "tragédia archetípusát" a kollektív tudatalattiban.

Fizikai valóságunkban a robbanás még nem történt meg, de már jelen van a kollektív tudatalatti nem fizikai valóságában. Valójában ebben a pszichés típusú valóságban nincsenek korlátozások az idővel és a térrel kapcsolatban.

2. pont A kollektív tudatalattiban a "tragédia archetípusa" egy "szenvedésmezőt" generál.

3. pont A kollektív tudatalattiban van egy "erőtér", amely a tizenöt kórus fizikai univerzuma felé áramlik. Ez az "erőtér" nemcsak információt, hanem energiát is tartalmaz. Valójában az összes "pszichés erőtér" energiát és információt tartalmaz..

4. pont. A "pszichés erőtér" a kórusok fizikai univerzumában nyilvánul meg, valódi helyzetük átalakításával. A mező minden személyes helyzetben "balesetet" indukál, amely késést generál és módosítja az est eseményeit.

Nem szokatlan megfigyelni az érzékelt érzékeny univerzum ezen átalakulásait. Jung ezeket az eseményeket "numinous" -ként határozza meg. A "numinous" kifejezést Jung "szent, de nem vallásos" kifejezésre használja. Ez a kifejezés azt jelentheti, hogy "a szakralitás aurája veszi körül", például "félelmet és tiszteletet kelt"..

Felidézhetünk néhány példát, amelyet Carl Jung idézett műveiben. Ezek a példák magukban foglalják a valóság fizikai átalakítását, amely a szinkronitás epizódjai során következik be.

Amikor a valóságot fizikailag befolyásolja.

A "szkarabeusz" epizódja minden bizonnyal a kazuisztika klasszikusa, amelyet Carl Jung idézett írásaiban. . Jung 1952-ben megjelent "A szinkronitás mint az aktuális kapcsolatok elve" című esszében Jung a következőképpen írja le az eseményt:

"A young woman I was treating had, at a critical moment, a dream in which she was given a golden scarab. While she was telling me this dream, I sat with my back to the closed window. Suddenly I heard a noise behind me, like a gentle tapping. I turned round and saw a flying insect knocking against the window-pane from the outside. I opened the window and caught the creature in the air as it flew in. It was the nearest analogy to a golden scarab one finds in our latitudes, a scarabaeid beetle, the common rose-chafer (Cetonia aurata), which, contrary to its usual habits had evidently felt the urge to get into a dark room at this particular moment. I must admit that nothing like it ever happened to me before or since."

„Egy fiatal betegnek a kezelésének döntő pillanatában álma volt. Az álomban a nő egy arany skarabeut kapott ajándékba. Míg a nő elmondta nekem ezt az álmot, én háttal ültem a csukott ablaknak.
Hirtelen zajt hallottam magam mögött, mintha valami halkan kopogna az ablakon. Megfordultam, és megláttam egy szárnyas rovart, amely kívülről ütközött az ablakkal.
Kinyitottam az ablakot, és elkaptam a rovart. Nagyon hasonlított egy "aranybogárhoz", vagyis a "Cetonia aurata" -hoz, a közönséges rózsabogárhoz.
Nyilvánvaló, hogy abban a pillanatban a rovar szokásaival ellentétben megpróbált sötét szobába lépni. Hozzá kell tennem, hogy ilyen eset még soha nem fordult elő velem, és nem velem, sem utána nem történt meg. Még a nő álma sem ismétlődik meg tapasztalataim szerint."

Esszéjének további részében Jung pszichoterápiás szempontból magyarázza az eseményt, és leírja, hogy az epizód hogyan bizonyult hatékonynak a beteg gyógyulása szempontjából. Valójában a szkarabeusz az újjászületés klasszikus szimbóluma.

Egy másik alkalommal egy 1945-ben írt és prof. J.B. Az amerikai durhami Rajna, Carl Jung hasonló epizódot ír le:

"I'm going to walk in the woods with a patient. She tells me the first dream of her life, a dream that left an indelible impression on her. He had a vision of a fox. He had dreamed of the animal as he walked down the stairs of her parents' house.
At that moment, not even forty meters from us, a fox comes out of the trees and runs for a couple of minutes on the path ahead of us. The animal behaves as if it shared our human condition ... "

- *Sétálni megyek az erdőbe egy nővel, akit én kezeltem. A nő mesél élete első álmáról, mivel ez az álom kitörölhetetlen benyomást hagyott benne. Az álomban a nő rókát látott, aki lejött a szülői ház lépcsőjén.*
Ebben a pillanatban mintegy negyven méterrel előttünk egy róka lép ki a fák közül, és pár percig csendesen szalad az előttünk lévő ösvényen. Az állat úgy viselkedik, mintha megosztaná emberi állapotunkat... "

Fel kell tennünk magunknak néhány kérdést:

- Ott volt a "Cetonia aurata", készen arra, hogy beütje az ablakot, amikor az asszony az álmában látott skarabeuszról beszélt?
- A róka ott volt, készen arra, hogy előbújjon Jung és betege előtt, miközben a nő elmondta álmát?

Mindkét esetben az álom története "pszichés szinkronitást" generált, amely megváltoztatta a nő és maga Jung fizikai valóságát.

Jung és kezelt betegei minden bizonnyal a pátosz pillanatait élték át. Mélyen elmerültek az elbeszélésben, és az interjú kontextusát a betegek valódi mentális szenvedése erősítette.

Ez a helyzet, a Jung által elmondott esetekben, egy "feszültség mezőt" generált, amely szinkronitáshoz vezethet.

Ami azt illeti, hogy a róka és a Cetonia valóban a megfelelő időben volt-e jelen a helyszínen, nagyon merész elméletet tekinthetünk. Ez az elmélet szerint mindkét esetben a szinkronitásnak volt ereje arra, hogy a jelenetet egy másik univerzumba költöztesse, a végtelen lehetséges univerzumok közül választva. Egy másik univerzum, ahol a róka és a Cetonia valóban jelen voltak.

A szinkronitás, mint a valóság átalakulásának ágense.

La sincronicità come agente di Jung szerint a szinkronitás a kollektív tudatalatti alkotó "ősi pszichés fogalmakon" vagy "archetípusokon" keresztül működik. Korábban azt írtam, hogy Jung kollektív tudatalattija egy másik módszer a "magasabb pszichés valóság" meghatározására, amelyet az ókortól kezdve "a világ lelkének" neveztek. Ezeken az oldalakon "univerzális elme" -nek is neveztük.
Jung elméletének alátámasztásaként láthatjuk, hogy az összes "A világ lelkére" hivatkozható entitás az átalakulás hordozója. Az ember minden kapcsolata a "világ lelkével", vagy bárhogy is nevezzük, pszichés és gyakran fizikai szinten is változást jelent.

Fizikai átalakulás. Imádság és gyógyulás.

A mindenki számára érthető, fizikai szinten történő átalakulás példájaként hivatkozhatok az istenségeknek címzett imádságokra a betegek gyógyulásának elérése érdekében. Vagy az imádságok általában más típusú kegyelmeket szereznek, például gazdasági vagy szentimentális jellegűek.
Minden fizikai gyógyulás szinkronnak tekinthető, amely időben és térben két, egymástól független tényből fakad. A két tény: valakinek az imája, bárhol tartózkodik a térben, és valaki más gyógyulása, aki gyakran a világ másik helyén található. Nyilvánvaló, hogy minden fizikai

gyógyulás magában foglalja az egészség javítását, amely gyakran fontos.

A kollektív tudatalatti elmélete szerint a szinkronitást "hidaknak" tekinthetjük az egyéni lelkiismeretek által kifejezett kívánságok és a "világ lélek" magasabb szintje között, ahonnan aztán a "kegyelmek" leszállnak.

Nyilvánvaló, hogy azok számára, akik a világ lelkét "Istennel" azonosítják, a kegyelmek Istentől származnak. A teológia azonban arra tanít minket, hogy Isten beavatkozásai során mindig inkább természetes eszközöket használ. Kérdés a teremtésben már meglévő lehetőségek kihasználása, természetfeletti eszközök igénybevétele nélkül.

Ezzel kapcsolatban olvashatunk egy szövegrészt, amelyet Marco deFelice lelkipásztor vett át "Isten lehetetlen dolgokat tesz" címmel, az "Apostolok cselekedeteire" hivatkozva. A lelkész megjegyzi Péter szabadulását a börtönből, ahol Heródes parancsára bebörtönözték:

> "Suddenly an angel of the Lord appeared and a light shone in the cell. He struck Peter on the side and woke him up. "Quick, get up!" he said, and the chains fell off Peter's wrists" (Acts, 12:7).
> One thing that strikes me about this passage is that the angel tells Peter to hurry. Although God is omnipotent, and can do anything, Peter had to hurry. Certainly, God could have made the guards fall asleep, or even die, giving Peter time to go out calmly. But usually God does not miraculously do what can be done with the natural means that God has already provided".

"És íme, eljött az Úr angyala, és fény világított a cellában. Az angyal megérintette Péter oldalát, felébresztette és azt mondta neki:" Kelj

fel gyorsan! ". És láncok hullottak le Peter kezéről." (ApCsel 12,7).

Ebben a darabban egy dolog döbben rá. Az angyal azt mondja Péternek, siessen. Isten mindenható, és bármire képes, de Péternek sietnie kell.
Természetesen Isten elaltathatta a börtönőröket, hogy Péter nyugodtan kimenjen. De általában Isten nem tesz csodát, ha valamit meg lehet valósítani Isten által biztosított természetes eszközökkel. "

Végül is, amikor az ember hitre fordul, hogy gyógyulást kérjen, akkor minden hitszolgája azt tanácsolja, hogy először konzultáljon egy jó orvossal.
Nyilvánvaló, hogy a fizikai gyógyulások nem a fizikai valóság egyetlen átalakulása, amelyet egy szinkron esemény okoz. Amint azt a sok korábbi eset leírta, az érzékeny univerzum módosításainak nincsenek korlátai, amelyeket a szinkronitás lehetővé tesz. Ezek közé minden bizonnyal belefoglalhatjuk a telekinézis, vagyis a szilárd anyag mentális irányításának minden jelenségét.

"Vágy" és "szándék".

Ezért a szinkronitás gyakran segítséget jelent az emberi szükségletek pozitív megoldásához. Például egy szinkronitás beteljesítheti a beteg gyógyulási vágyát.
A „vágy" fogalmának kifejezésére pontosabb szó a „szándék". A "szándék" Jung által használt fogalom.

Deepak Chopra újabban ezt a fogalmat használja könyveiben.

Chopra szerint az univerzum minden tevékenységét a szándék generálja. A védikus hagyományban a szándék "természetes erő", mert egyensúlyban tartja mindazokat az elemeket és erőket, amelyek lehetővé teszik az univerzum fejlődését.

A Védák tizennégy "upanisadában", az indiai vallási és filozófiai szövegekben, amelyeket sz. Sz. Szkrit nyelven írtak, a Kr. E.

"You are what your deep, driving desire is.
As your desire is,
so is your will.
As your will is,
so is your deed.
As your deed is,
so is your destiny".
(Brhadaranyaka Upanisad, IV, 4,5)

„Te vagy az, ami a legmélyebb vágyad.
Amilyen a vágyad, olyan a szándékod is.
Amilyen a szándékod, olyan az akaratod is.
Amilyen akaratod, olyanok a tetteid is.
Amilyen a tetteid, olyan a sorsod ".
(Brhadaranyaka Upanisad, IV, 4,5)

Miért nem mindig történik meg?

Sokan megpróbálták laboratóriumban, tudományos módszerekkel megvizsgálni a "pszichés szinkronitás" jelenségét, de ez a jelenség mindig kiderül, hogy megfoghatatlan.

A laboratóriumi megerősítés azt jósolja, hogy bizonyos körülmények között a jelenség szokásosan fordul elő, vagyis ismételten reprodukálható, a sikerességi arány magasabb, mint a kiszámítható statisztikai átlag.

15. ábra Az eredmények statisztikai értékelése érme megfordításával érhető el. Az érme nagyszámú átfordításával az érme két oldalának az esetek 50% -ában meg kell jelenni.

Ajánlok egy példát. És ha dobok egy érmét a levegőbe, az eredmény "felfelé vagy lefelé" lehet. Szóval dobok egy érmét a levegőbe, és megpróbálom kitalálni az eredményt. Természetesen a statisztikák összeállításához sokszor meg kell forgatni az érmét.

Ha sokszor dobok egy érmét, mondjuk 10 000-szer, a statisztikák megmondják, hányszor tudom kitalálni az eredményt. Statisztikailag az esetek 50% -ában sejteni tudom, ez 5000-szeres.

Ha éppen ellenkezőleg, pontosan 6000-szer tudom megjósolni az eredményt, akkor feltételezem, hogy bizonyos mentális képességekkel rendelkezem. Ismeretlen okokból előre tudom az eredményeket. Jobban ismerem őket, mint a statisztikai átlag.

Ha látom, hogy az érme eredményeit hányszor dobják fel a tízezerből 9000-szer, akkor szinte biztos vagyok abban, hogy különleges hatalommal bírok.

Tegyük fel, hogy a 10 000-ből 10 000-szer jósolok eredményt. Ebben az esetben mindenki meg lesz győződve arról, hogy van erőm megjósolni a jövőt.

Természetesen az ortodox tudósok azt mondják, hogy van egy rejtett trükk, mert a jövőt ilyen módon nem lehet megjósolni.

Érzelmi részvétel.

A "mentális szinkronitás" nem mindig előforduló fő oka az előfeltételek hiányától függ.

Ezt az állapotot "belső érzelmeknek" nevezzük. Érzelmi részvétel szükséges. Jung kijelenti, hogy a "Zuneigung" nevű komponensre van szükség.

A "szinkronitás" epizódjai inkább életünk legkritikusabb pillanataiban nyilvánulnak meg. Általában a lelkiismeretünk tartja kordában a mentális helyzetünket. A pszichénk tudatos része nem akarja, hogy "egyéni tudatalattiink" átvegyék akaratunk irányítását.

Mondjuk úgy, hogy nem akarunk a sötétben ugrálni. Ezért tudatunk visszafogja vagy megszűri a „személyes tudatalatti" és a „kollektív tudatalatti" minden impulzusát. Ezek az impulzusok általában szimbolikusak vagy irracionálisak, és a lelkiismeretünk elutasítja őket.

Azonban néha vannak nehéz pillanatok az életben. Ezekben az esetekben zavartak vagyunk, gyakran megdöbbenünk. Ezek a nehézségek gyengítik a lelkiismeret irányításának képességét. Amikor az események túl sürgőssé válnak, hajlamosak vagyunk engedni a sorsnak. Jung megjegyzi, hogy ezekben az esetekben a "mentális hatás" érvényesül az "elme" felett:

"Each emotional state causes a modification of the conscience, modification which Pierre Janet defined as "abaissement due nivea mentale": which means that a certain shrinking of the subconscious takes place and at the same time a strenghtening of the conscience, as many profanes in the subject can easily note, especially in the presence of intense beloved ones. The tone of the subconscious increases to a certain measure, which easily provokes a gradient from the subconscious to the conscience. As a consequence, the conscience falls under the influence of impulses and instictive contained contents".

„Minden érzelmi állapot a tudat módosulását okozza. Pierre Janet ezt a módosítást "abaissement du niveau mental" -nak nevezte. Ez azt jelenti, hogy a tudatnak bizonyos szűkülete van, és ezzel egyidejűleg a tudattalan is megerősödik. Mindenki rájön, hogy ez megtörténik, különösen erős "affektusok" jelenlétében.
Így a tudat az ösztönös tudatalatti impulzusok területére esik.

Szinkronitások akkor jelentkeznek, amikor érzelmi érintettség van. Ezt megerősíti az a tény, hogy a pszichés jelenségek, például a telepátia, gyakoribbak a barátsággal vagy rokonsággal rokon emberek között. A maximum az anyák és a gyermekek kapcsolatában figyelhető meg.

Gyenge jelelmélet.

Elgondolkodtunk azon, miért volt Lisa Gannannak előérzete, a többi áldozatnak miért nem. Azt válaszoltuk, hogy valószínűleg mások is kaptak jeleket, de nem ismerték fel őket.
A parapszichológiában a "gyenge jelelméletre" hivatkoznak. Valószínűleg nincs összhang a jel forrása és a "pszichés befogadó készülékünk" között.
Mindannyian tudjuk, hogy egy rádióeszköz hangolásának beállításával ismeretlen adási állomásokat fogadhatunk. Ugyanez történik a tudatunkban is. Sok

"információs állomáshoz" csatlakozhatnánk, ha tudnánk, hogyan lehet a hullámhosszukra hangolni.

Negyedik rész. Az erőmezők. A nem lokalitás szintje. A pszichés kozmosz.

"I know not what I may seem to the world, but as to myself, I seem to have been
only like a boy playing on the sea-shore and diverting myself in now and then
finding a smoother pebble or a prettier shell than ordinary, whilst the great ocean
of truth lay all undiscovered before me".
(Isaac Newton, Principia)

- Ami engem illet, úgy érzem, hogy egy srác vagyok, aki a tengerparton játszik. Időről időre szebbnél szebb követ vagy héjat találok. Sajnos, amíg ez megtörténik, az igazság nagy óceánja ismeretlen marad előttem. "
(Isaac Newton, Principia)

Anyag, elme és szellem.

Minden ember tisztában van azzal, hogy egy olyan világban él, amely feltételezi a létét. Mindenki előbb-utóbb kíváncsi arra, hogy mi az oka a jelenlétének ebben a világban.

Miért létezem? Mit csinálok itt? Hogyan vehetek részt az élet nagyszerű, humoros vagy tragikus játékában?

Nem könnyű megválaszolni ezeket a kérdéseket. Választhatunk kiindulópontot. Az egyik módszer három szint konfigurálásából áll, amelyekben a létünk fejlődik. A mindannyian ismert fizikai szint mellett értékelnünk kell a kvantumszintet és az úgynevezett "nem lokális" szintet is.

A létezés fizikai szintje.

A fizikai szint a szilárd anyag szintje. Ez a napi tapasztalatunk tipikus szintje, vagyis a világé, ahogyan látjuk, és hogyan éljük meg érzékeinkkel.

Fizikai szinten biztonságban érezzük magunkat, mert minden "dolognak" van súlya és dimenziója, kezdete és vége, előtte és utána. Mindennek pontos helye van időben és térben.

A tapasztalatainkhoz kapcsolódó összes jelenség a fizikai szint része. Például éjjel-nappal, jó és rossz időjárás, minden "dolog" születése és halála, az évszakok váltakozása, fizikai érzések, mint például éhség, szomjúság, fájdalom és öröm.

A fizikai világ "mechanikus". A fizikai világban minden a "determinizmus" törvényeitől függ. Minden okért történik, és eredményt produkál. Az események követik egymást.

A generált események kiszámítható és mérhető viselkedéssel bírnak. Viszont más kiszámítható és mérhető eseményeket produkálnak.

1977-ben az Egyesült Államok két "Voyager" szondát indított a külső naprendszer feltárására. A "Voyager 2" űrhajó képes volt megfigyelni a Jupitert, a Szaturnuszt, az Uránt és a Neptunust.

Az egyes bolygók mellett elhaladva a szonda megkapta a bolygó gravitációjának lendületét, hogy folytassa útját a következő bolygóra.

Ennek oka az volt, hogy a földön a tudósok pontosan tudták, hogyan kell kiszámítani a különféle bolygók gravitációs erejét.

Ily módon pontosan kiszámítható volt a tolóerő, amely szükséges az út folytatásához a következő célállomásokig.

1950-ben Alan Turing matematikus "Számítástechnikai gépek és intelligencia" című könyvében ezt írta:

"The displacement of a single electron by a billionth of a centimeter at a given moment, it could mean the difference between two very different events, such as the killing of a man a year after, due to an avalanche, or its salvation".

- Vegyük figyelembe, hogy egy adott pillanatban egyetlen elektron elmozdítja a centimilliárd egy részét. Ez jelentheti a különbséget két nagyon különböző esemény között. Például a következő év egy férfi lavina miatt bekövetkezett halálát jelentheti. Vagy ez jelentheti az üdvösségét."

Képzeljünk el egy biliárdasztalt, a szőnyegen elrendezve egy sor biliárdgolyót. (Lásd a 16. ábrát). Fizikai szinten teljesen biztosak vagyunk abban, hogy egyetlen labda sem mozog, ha nem nyomja meg egy másik szilárd tárgy.

Az ábrán a B golyó mindaddig mozdulatlan marad, amíg el nem éri az A labda. Ismerve az A labda erejét és pályáját, valamint a többi golyó súlyát, abszolút pontossággal kiszámíthatjuk azt az erőt, amellyel a B labda mozogni fog.

Ismerjük útjának hosszát és irányát.

Ezek a számítások nem igényelnek nagy teljesítményű számítógépeket. Minden jó pool játékos megteheti ezeket a számításokat mindenféle technológiai támogatás nélkül. Ez azt jelenti, hogy tökéletesen alkalmazkodunk fizikai univerzumunkhoz.

Edward Lorentz etológus 1972-ben előadást tartott: "Ha egy pillangó megmozgatja szárnyait Brazíliában, tornádót okozhat Texasban?"

A mai tudományos világban, ahol mindent meg lehet mérni, mérni és kiszámítani, a válasz "igen" lenne. Feltételezzük, hogy univerzumunk csak anyagból áll, és olyan dimenzióba kerül, ahol az idő csak előre halad.

Ezért kiszámolhatnánk a texasi tornádó erejét, ha rendelkeznünk kellően erős számítógépekkel.

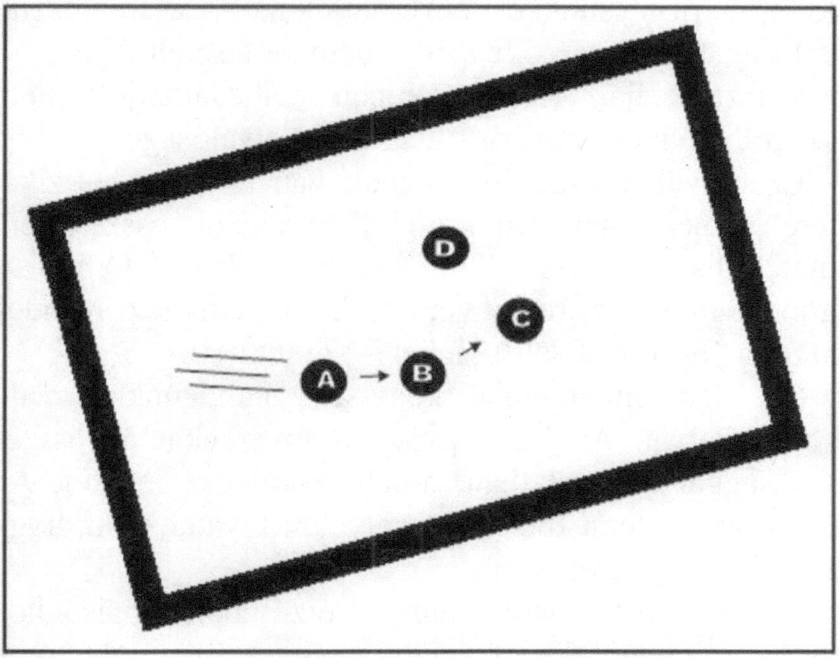

16. ábra: A biliárdasztalban egyetlen labda sem mozog, hacsak nem erő gyakorolja. Amikor ez megtörténik, ereje és iránya arányos a kapott tolóerővel.

A kvantumszint.

Ezen a szinten egyetlen "dolognak" sincs látszólagos szubsztanciája, vagyis a valóságot az öt érzék nem képes felfogni. Érintésünkkel nem érhetjük meg a kvantumszint valóságát. Hasonlóképpen nem "tesztelhetjük" a konzisztenciáját. Hasonlóképpen nem láthatjuk, nem szagolhatjuk és nem kóstolhatjuk ezt a valóságot.

Ezenkívül a kvantumvilágnak van egy "nem fizikai tere", amely magában foglalja önmagunk összes nem materiális részét. Ez a rész kapcsolódik a gondolatainkhoz, reményeinkhez, vágyainkhoz. Mindez alkotja "Ego" és "Self". (Lásd a 17. ábrát)

Az Ego önmagunkat képviseli önmagunkkal való kapcsolatban. Az Én képviseli önmagunkat az összes valósággal kapcsolatban, amely körülvesz minket. Az énem azon elemekből áll, amelyekre hivatkozunk, hogy leírjuk, melyek vagyunk.

Tudjuk, hogy gondolataink és érzéseink, a másokhoz kötő szellemi kapcsolataink és ambícióink nem "szilárdak", nem tudjuk az ujjainkban tartani.

Ennek ellenére nem kételkedünk abban, hogy léteznek. A szilárd anyag azonban nem "lehet", ha nem a kvantumszintben lévő energia és információ élteti.

Valójában maga az anyag energia, Einstein $E = mc^2$ egyenlete szerint.

Ez az egyenlet azt jelzi, hogy az energia megegyezik a tömeg szorzatával a négyzetre eső fénysebességgel.

17. ábra. Az Ego szigorúan személyes szféránkat képviseli. Az Ego befelé fordul. Az Én kifelé nézve önmagunk teljességét képviseli, a minket körülvevő univerzumhoz viszonyítva.

18. ábra: A legnagyobbaktól a legkisebbekig minden rendszer alrendszerekből áll. A részecskefizikában, vagyis a végtelenül kicsiben a tudomány nem biztos abban, hogy elérte a felosztás végső szintjét.

Kölcsönösen azt mondhatjuk, hogy ahogy az energia tömeg, úgy a tömeg is energia. Valójában az univerzum összes anyaga a kezdeti "Nagy Bumm" -ból származik, ami egy nagy energiarobbanás.

Mivel látunk tömeget, de nem látunk energiát, megszoktuk azt hinni, hogy a tömeg fontosabb. Valójában a tömegből álló univerzum önmagában nem működhet, mert maga a tömeg inert.

Amint azt a biliárd példáján láthattuk, a tömeg (labda) csak akkor mozoghat, ha megkapja a lökés energiáját.

Ugyanakkor elmondhatjuk, hogy az energiához tömegre van szükség ahhoz, hogy kifejezze magát. Az energiának szilárd anyag együttműködésére van szüksége, hogy megmutassa potenciálját.

Az univerzum a végtelenül nagytól a végtelenül kicsiig terjed. Érzékeny világunk olyan anyagból áll, amely nagyon apró vagy nagyon nagy "dolgokba" gyűlik össze. Minden "objektum" egy összetett rendszert képvisel, amely alrendszerekből, vagyis kisebb "objektumokból" áll. (Lásd a 18. ábrát).

- Az univerzum egy alrendszerekből, galaxisokból álló rendszer.
- A galaxisokat csillagok és bolygók alkotják.
- A bolygókat sziklák, víz, ásványi anyagok és élőlények alkotják.
- Az élőlények szervekből állnak (bőr, csontok, belek stb.).
- A szervek sejtekből készülnek.
- A sejtek molekulákból állnak.
- A molekulák atomokból állnak.

- Az atomok protonokból, neutronokból és elektronokból állnak.

A pozitivista tudomány kijelenti, hogy az anyag, tekintet nélkül az összesítés mértékére, a fizika törvényeinek hatálya alá tartozik. Az anyag különböző részei energiát és információt továbbító fizikai közvetítők segítségével kommunikálhatnak egymással. Ezeknek az átviteli eszközöknek az erőssége a távolság növekedésével gyengül. Továbbá a szilárd anyag az idő múlásának van kitéve, amely csak előre halad.

Amikor a szilárd anyag mozog, nem haladhatja meg a fénysebességet. Még a fizikai közvetítőkön keresztül terjesztett információ sem haladhatja meg ezt a sebességet.

Ha egy cella információkat küld egy másik cellának, akkor ezeknek az információknak el kell telniük egy ideig, amíg el nem érik céljukat. Sebessége nem haladhatja meg a másodpercenként 300 000 km-es határt.

Az atomnál kisebb tárgyak esetében, kezdve az elektronoktól, a dolgok megváltoznak.

Egy atom lebontásával megtaláljuk az "elemi részecskéket". Jelenleg kétféle típust ismerünk.

- Az "anyagrészecskék", vagyis a "fermionok". Ezek kvarkok, elektronok és neutrínók. Mindegyik tömeggel van felszerelve.

- Az "erő részecskéi", azaz bozonok. Ezek a részecskék a természetben létező alapvető erők hordozói.

A bozonokat két csoportra oszthatjuk:

- Tömeg nélküli fotonok és gluonok.

- A tömegű W és Z bozonok.

Az elemi részecskék szintjén a szilárd anyagot irányító összes fizikai törvény érvénytelen.

Ezen a szinten nagyon furcsa viselkedésnek lehetünk tanúi, amint azt látni fogjuk, amikor a "kvantumbetegségnek" nevezett jelenségről beszélünk.

Valójában még azt sem lehet megállapítani, hogy az elemi részecskék valóban "részecskék", vagy sem inkább "rezgések".

Példaképp képzeljük el, hogy dobunk egy követ a tó vizébe. A kő hasonló egy részecskéhez. A vízen kialakuló hullámzás hullám, vagyis "rezgés". A fény, a hang és a zene szintén a vibráló hullámok példái.

A következtetés egyszerű: az olvasott könyv szilárdnak és következetesnek tűnik. A szemeddel nézed a könyvet. De a szemed úgy van megtervezve, hogy lássa a makroszkopikus fizikai világ valóságát.

Ha viszont a szemed számára lehetővé tenné a kvantumvilág megtekintését, akkor a könyv a rezgések kuszaságaként jelenik meg előtted. Minden betű nem férne el a helyén az oldalon, de végtelen valószínűségi pozícióban lehet. Ez a könyv lenne a "semmi", amely a vibrációkból álló univerzumban táncol. Valószínűleg nem értenéd, hogy ez egy könyv.

Mint Nietsche kijelentette: "Azokat, akik táncoltak, őrültnek láttak azok, akik nem tudtak zenét hallgatni." Sajnos a fülünk nem arra van megalkotva, hogy érzékelje a részecskéket táncoló zenét. (Lásd a 19. ábrát).

19. ábra Az elemi részecskék a fülünk számára érthetetlen hangok hangjára táncolnak.

A kvantumszintű világ nem tárgyakból áll. A kvantum valóság információból és energiából áll.

Szerencsére túlélési igényeink szempontjából a szemünk a fizikai és nem a kvantum szinten látja a valóságot. Ez nem azt jelenti, hogy a kvantum valóság nem létezik. Nemcsak ott van, de jelenléte rendkívüli hatással van ránk.

Mi magunk is elemi részecskékből állunk. Az energia és az információ keveréke vagyunk.

A kvantumszintben nincsenek tér és idő korlátok. Rezgések vagyunk és együtt táncolunk az egész univerzum rezgéseivel. Energiánk megosztja és megosztja az univerzum összes energiáját.

Különösen az energiánk vesz részt a körülöttünk vibráló energia "szándékában". Hányszor fordult elő velünk, hogy kényelmetlenül érezzük magunkat valamilyen helyzetben, anélkül, hogy tudnánk miért? Talán később megtudtuk, hogy az ezen a helyen jelenlévő többi embert megosztotta a gyűlölet érzése.

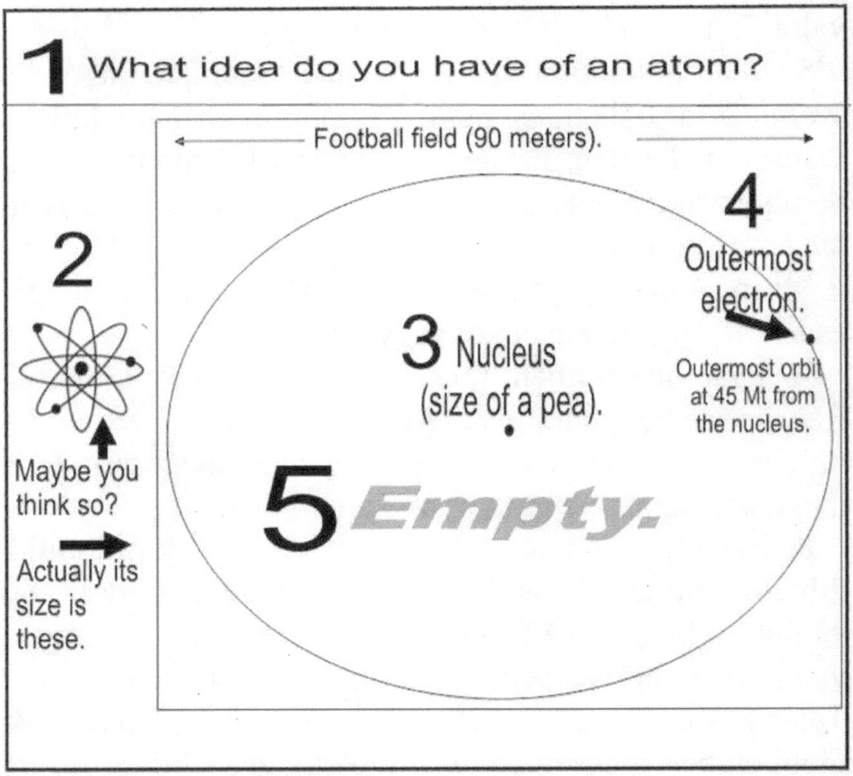
1 What idea do you have of an atom?
Football field (90 meters).
2
Maybe you think so?
Actually its size is these.
3 Nucleus (size of a pea).
4 Outermost electron.
Outermost orbit at 45 Mt from the nucleus.
5 Empty.

20. ábra Képzelje el, hogy az atom magja akkora, mint egy bab. Helyezzük a magot egy futballpálya közepére. Az atom legkülső elektronja a mező szélén elhelyezkedő pályán forogna. Végtelenül kisebb lenne, mint egy porszem. Az elektronok és a mag között óriási terek vannak "vákuumból".

1 - Hogyan képzeled el, hogy ez egy atom?

2 - Talán egy mag körül forgó golyók formájában látja. Ez az ábrázolás téves.

3 - Képzeljen el egy focipálya méretű teret. Az atom magja, egy bab méretű, a mező közepén található.

4 - A legkülső elektron a mező szélső határainál forog.

5 - Minden más... "ÜRES".

Ha néha egy találkozón "nagyon nagy volt a feszültség" típusú érzéseink voltak, akkor ez azért történt, mert a "negatív mező" információi, amelyekbe beléptünk, befolyásolták "egyéni tudatmezőnket".

A kvantum szinten rezgéseink összeolvadnak a környező valóságéval. Hogy megértsük, hogyan csinálják, próbáljunk elképzelni egy atomot. Ne feledje, hogy teljesen atomokból állunk.

Milyen elképzelése van az atom méretéről? Természetesen tudta, hogy nagyon kicsi, de elképzelte, hogy olyan üres is, ahogy a 20. ábra leírja?

Képzeljünk el egy atomot, amelynek magja mérhetetlenül nagyobb, mint a valóság. Képzeletbeli atomunk akkora, mint egy bab. Helyezzük az atomot egy futballpálya közepére, amelynek ismert hossza 90 méter.

Az atomunk átlagos elektronmennyiséggel rendelkezhet, mondjuk 10-nek.

Nos, atomunk legkülső elektronja a mező szélén forogna, és végtelenül kisebb lenne, mint egy porszem. A többi kilenc elektron, hasonlóan a többi porszemhez, más helyzetben forogna. Az atom fizikai terében, akkora, mint egy futballpálya, minden anyag egy babból és tíz szem porból állna. Minden más hatalmas lenne ... ÜRES. Minden atom ilyen. Mégis szilárdnak tűnnek számunkra.

Ennek megfontolásával megérthetjük, mi történik, ha egy szilárd tárgyhoz érünk. Az a benyomásunk, hogy az objektum nagyobb vagy kisebb "keménységgel" rendelkezik, vagyis ellenáll az érintésünk nyomásának.

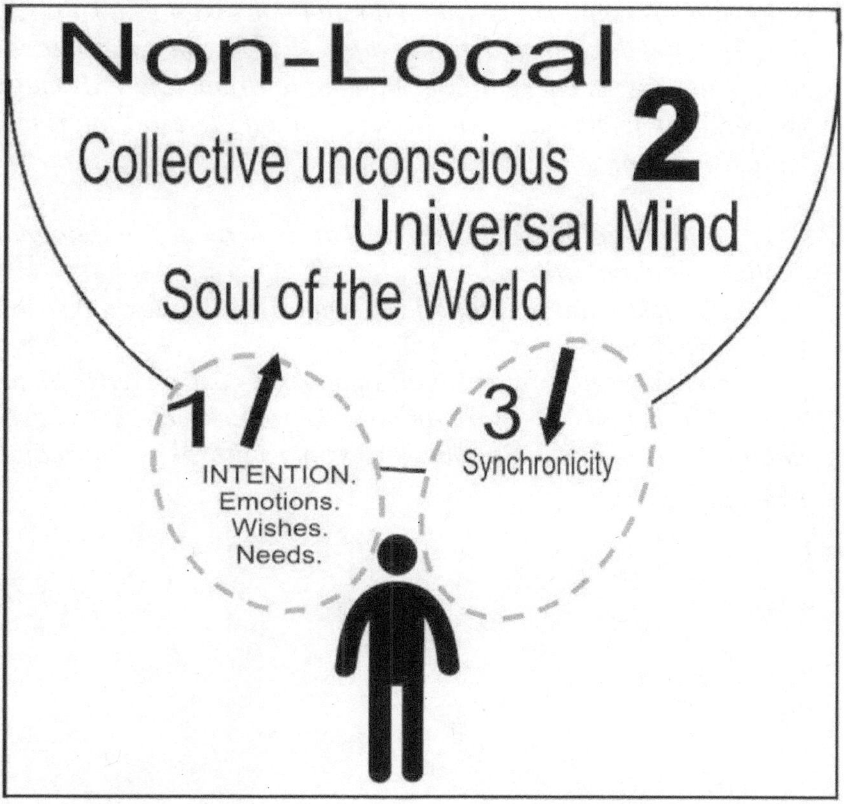
Non-Local
2
Collective unconscious
Universal Mind
Soul of the World
1
3
INTENTION.
Emotions.
Wishes.
Needs.
Synchronicity

21. ábra A nem lokális szintet a tanulmányoktól és a kultúráktól függően sokféleképpen definiálhatjuk. Ez a szint tartalmazza az univerzum összes energiáját és minden információját. Mi magunk is részt veszünk a nem helyi szinten létező információk kialakításában.

1. Minden biológiai lény szándékai és érzelmei összefognak a "kollektív tudatalattiban".

2 A "kollektív tudatalattiban" az emberiség minden tapasztalata megtalálja a helyét.

3 Az emberiség tapasztalatai, amelyeket "ősi pszichés elemek" vagy "archetípusok" formájában képzelnek el, az egyének tudatalattija felé "pszichés szinkronitások" formájában áramlanak.

Ehelyett ez csak a mi érzésünk. Valójában testünk és a tárgy atomjai keverednek. Ugyanígy keveredhet két, az égen ütköző felhő, vagy két füstfelfújás a két közeli kéményből.

A keverék egyesülést és cserét generál. Testünk atomjainak rezgései és információi átterjednek az általunk megérintett tárgy testébe, és fordítva.

A kvantumszinten folyamatos információ- és energiacsere zajlik közöttünk és a körülöttünk lévő tárgyak között.

Kvantum szinten már nincs egyéniség. Minden "egy", és minden megosztja az "egészet".

A "nem helyi" szint.

A létezés harmadik szintje a nem lokális birodalma. Ezen a szinten nincs sem idő, sem tér. Ezt a szintet "nem helyi" -nek hívják, mert nem helyezhető el sehol.

Sem a mennyben, sem a földön nincs: nincs bennünk és nincs rajtunk kívül. Egyszerűen "önmagában létezik".

Ez egy virtuális terület, amelyet összehasonlíthatunk Jung "kollektív tudatalattijával". "Nem lokális" szinten az univerzumot alkotó összes információ és energia él.

Ez a szint a tiszta potenciál "mezője". Ez az a hely, amely az egész univerzumot irányítja, mert ismeri az egész univerzumot. (Lásd 21. ábra). Az univerzumban nincs olyan információ vagy erő, amely ne a "nem lokális" területén állna.

22. ábra. A nem helyi szinten nincsenek tér- vagy időkorlátok. A valóságot nem kötik a fizikai szinten uralkodó "oksági törvények.

Ezért a "nem helyi" szint tartalmazza a "projektet" és az univerzum összes intelligenciáját. A "nem helyi" szint az egész univerzumot szervezi és irányítja, létrehozza és elosztja a fizikai világot formáló energiát.

Hogyan vehetünk részt ebben a projektben?

Azok az energiák, erőterek, amelyek rezgéseiből állunk, a "nem lokalitás" szintjének szerves részét képezik.

Részt vesznek a világegyetem energiáinak létrehozásában és elosztásában. Nem alanyok vagyunk, hanem a nem helyi valóság építői.

A nem lokális valóságra vonatkozóan nem tehetünk sok megfigyelést. Hasznos lehet megemlíteni Larry Dossey-t, egy tudóst, aki több könyvet is publikált a témában.

Dr. Dossey szerint a nem lokalitás szintjét három jellemzővel lehet meghatározni.

Először is, a "nem helyi" eseményeket harmadik elemek nem befolyásolják. Ez azt jelenti, hogy nem az okság köti össze őket, de minden esemény független a többitől. Az események azonban összekapcsolódhatnak és összehangolódhatnak egymással, csakúgy, mint az események, amelyek a szinkron részei.

Továbbá az események a távolság miatt nem "csillapodnak", hanem "azonnaliek". A fizikai szinten történtekkel ellentétben az események ereje minden távolságban ugyanaz (nem csökken). Az erő sem a tér, sem az idő hatására nem csökken.

El tudunk képzelni egy beszélgetést két ember között. Egy ember évezredekkel ezelőtt élt Afrikában. A másik ember ma az Északi-sarkvidéken él.

Az interjú úgy zajlik, mintha időben és térben mindketten szomszédok lennének .. Csendesen beszélgetnek egymás között. A hang nem utazhat az űrben. Minden egy örökkévaló "most, együtt" alatt történik. (Lásd 22. ábra).

Hogyan lehet mindez hasznos számunkra? Biztosan segíthet megérteni, hogy sok jelenség, például extraszenzoros észlelés. Ezeket a jelenségeket a materialista tudomány lehetetlennek tartja. Ezek a jelenségek mégis lehetségesek kvantum szinten. Még inkább lehetségesek nem helyi szinten.

"Force" mezők.

Jung "szinkronossága" olyan eseményeken alapul, amelyeknek nincs oksági kapcsolata egymással. A "szinkronitást" alkotó események mindegyikének nincs oksági kapcsolata a többiekkel. Az egyetlen dolog, amely egyesíti ezeket az eseményeket, az a "jelentés", amelyet a megfigyelő számára feltételeznek.

Következésképpen "Carl Jung szinkronossága" kívül esik a modern tudomány területén. Valójában a tudomány jelenleg csak olyan eseményekkel foglalkozik, amelyek kapcsolatban állnak egymással, vagyis az ok / okozat elvén alapulnak.

Noha más tudósok felvetették az univerzumban az összekapcsolódás más formáinak létezésének lehetőségét, kivéve az okságon alapulóakat, elképzeléseiket áltudományként elvetették, és nem vették figyelembe.

Az úgynevezett "Âge des Lumières" korszak megjelenése előtt nagy jelentőséget tulajdonítottak az affinitás, a harmónia és a szimpátia fogalmainak, amelyek hasznosak a valóság egyes részeinek nem fizikai kötelékekkel való összekapcsolására.

Az "Âge des Lumières" megjelenésével ezeket a kapcsolatokat teljesen figyelmen kívül hagyták, míg rájöttek, hogy láthatatlan kötelékek és erők valóban léteznek.

A legfontosabb felfedezés a gravitációs erő által kifejtett vonzerő volt. A fejére esett alma jól ismert anekdotája következtében Newton kidolgozta a dinamika három törvényét.

Az első törvény szerint egy test mozdulatlan marad, vagy egyenes vonalban mozog, amíg egy olyan erő nem lép közbe, amely módosítja a pályáját. Ez az erő a gravitáció. Például a hold elveszne az űrben, ha nem tartaná a pályáján a föld által kifejtett gravitációs erő. Ugyanez történne a földdel is, ha nem lenne kitéve a nap gravitációs hatásának.

A gravitáció után a mágnességen volt a fordulat, ez az az erő, amely kifejezi vonzódást vagy taszítást két, bizonyos elektromos töltéssel felruházott test között.

Az elméletet Michael Faraday dolgozta ki, aki "erővonalak" létezését javasolta a mágnes és a vonzott fém között. Ekkor James Clerk Maxwell az egyenleteivel bizonyította, hogy az elektromosság, a mágnesesség és a fény mind ugyanazon jelenség megnyilvánulása: az elektromágneses mező.

Ettől a pillanattól kezdve a mező fogalma egyre gyakoribbá vált a fizikában. Rá kell mutatnunk azonban arra, hogy a fogalmat nem csak a fizikában használják.

A mező fogalma sok más kapcsolatra is kiterjeszthető, még a fizikán kívül is, amint azt a 23. ábra szemlélteti. Először is, ez a kifejezés mindig is jelzi a művelés alatt álló földterületet, abban az értelemben, hogy a mező az a hely, ahol a paraszt akciója megtörténik.

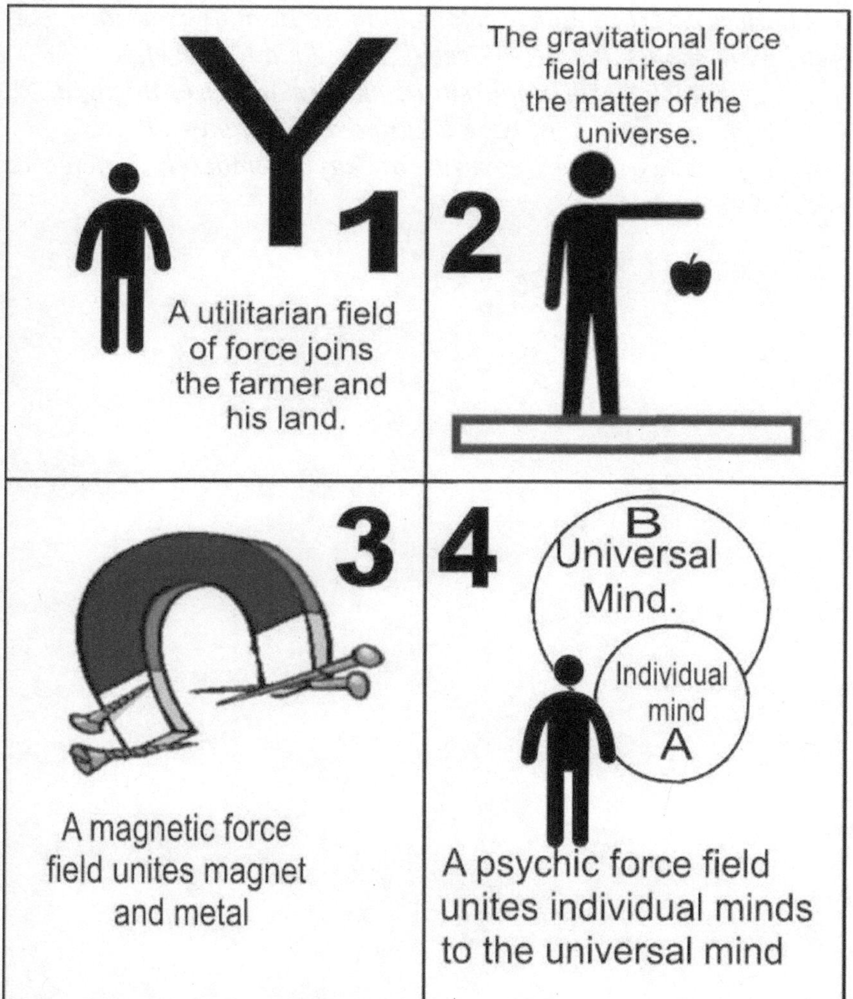
1
A utilitarian field of force joins the farmer and his land.
2
The gravitational force field unites all the matter of the universe.
3
A magnetic force field unites magnet and metal
4
B
Universal Mind.
Individual mind
A
A psychic force field unites individual minds to the universal mind

23. ábra Az erőtér-koncepció különböző formáinak ábrázolása.
1 Egy haszonelvű erőtér egyesíti a gazdát a földjével.
2 A gravitációs erőtér egyesíti az univerzum összes anyagát.
3 Mágneses mező köti össze a körmöket a mágnessel.
4 A psziches erőtér egyesíti az egyes emberek elméjét az egyetemes elmével.

A mező fogalmához elfogadhatjuk ezt a meghatározást: "az a hely, ahol a cselekvő cselekményét gyakorolják". Ezután arra a következtetésre juthatunk, hogy a cselekvő "szubjektum" lehet bármilyen, például mezőgazdasági termelő, vagy fizikai elv, például gravitáció vagy mágnesesség. Ez egy olyan pszichés elv is lehet, mint a szinkronitás.

„Haszonelvű” erőtér jön létre a gazda és a földje között. Nem látjuk, de rájövünk, hogy az aratás gyümölcsét látva létezik.

Gravitációs erőtér jön létre a föld és a hold között. Nem látjuk, de rájövünk, hogy létezik, mert a Hold nem menekül el a kozmoszba, hanem tovább forog a föld körül.

Mágneses erőtér jön létre egy mágnes és egy darab fém között. Nem látjuk, de rájövünk, hogy létezik, mert a fémet vonzza a mágnes.

Pszichés erőtér jön létre az egyéni tudat és az egyetemes tudat között. Nem látjuk, de rájövünk, hogy létezik, mert megmagyarázhatatlan jelenségek fordulnak elő a jelenleg ismert fizikai törvényekkel.

A jungi pszichoterápiában gyakran használják az "archetipikus mező" kifejezést. A különbség a pszichés és a fizikai mezők között az, hogy a fizikai jól meghatározható és elhelyezhető az űrben, és saját energiájukkal vannak felruházva.

Ezenkívül a fizikai mezők olyan jeleket továbbítanak, amelyek információ mozgatásával és továbbításával nem haladhatják meg a fénysebességet.

Ezzel szemben a pszichés erőterek nem lokálisak. Ezeket a mezőket nem lehet pontosan elhelyezni időben és térben,

A pszichés mezők olyan információt továbbítanak, amelynek nincs sebesség- vagy időkorlátozása. Ezek a mezők egyszerre vannak jelen térben és időben. Mint később látni fogjuk, kvantum tulajdonságokkal rendelkeznek.

Az átkok hegye.

Amikor az izraeliták Józsué vezetésével beléptek az Ígéret földjére, hódításukat azzal kezdték, hogy ostromolták és elpusztították a helyiek összes városát.

Ahi városába érve Joshua úgy gondolta, hogy a város túl kicsi ahhoz, hogy az egész hadsereget felhasználja, és úgy döntött, hogy elküld néhány katonát. Ám Ai lakói kijöttek a falakból és megölték őket.

Kétségbeesésében Joshua segítséget kért Istenétől, Jawétől. Istene elmondta neki, hogy a vereség Izrael népének hűtlenségéből fakadt. De aztán megvigasztalta, és helyes stratégiát javasolt Ai város meghódítására.

Joshua egész serege közel állt a falakhoz, elrejtve magát. Közben egy kis katonacsoport indult a támadásba. Ai lakói elhagyták a várost, és üldözték ezeket a katonákat a környező sivatagi területekre, és megismételték korábbi sikereiket.

Ez lehetővé tette, hogy a többi rejtve maradt csapat bejusson és meghódítsa a védtelen várost.

A győzelem megértette Joshua-val, hogy minden engedetlenség vereséget okoz népének, és emlékeztette őt arra, amit Jaweh Mózes szájával írt elő:

> "When the Lord your God has brought you into the land you are entering to possess, you are to proclaim on Mount Gerizim the blessings, and on Mount Ebal the curses." (*Deuteronomy 11:29*)

> *"Amikor az Úr, a te Istened elvezet téged arra a földre, amelyet meghódítani fogsz, kimondod az áldást a Gerizim-hegyről, és az átkot az Ebal-hegyről." (5Mózes 11:29).*

A Garizim és az Ebal két hegye egymással szemben, a Sichem-völgyben található, amelyet ma Nablus-völgynek neveznek. A 881 métert elérő Garizim-hegy jelenleg Jebel at-Tur néven ismert.

Az Ebal-hegy magasabb, 940 méter, és megfelel a jelenlegi Jebel Eslamiyeh-nek.

Tehát Jawehának engedelmeskedve Joshua epikus és grandiózus ceremóniát szervezett. Hat izraeli törzsből, Rúbenből, Gádból, Áserből, Zebulun Dánból és Naftaliból az emberek felmentek az Ebal hegyére, hogy hirdessék az átkokat. A másik hat törzs emberei felmentek a Gerizim-hegyre, hogy áldásokat hirdessenek.

Mindazokat meg kellett áldani, akik onnantól kezdve betartják Isten törvényét. Következésképpen átkozni kellett azokat, akik ezt nem tennék.

A frigyláda és a lévita papok középen, a völgyben álltak.

Amikor áldást kiabáltak, a Gerizim-hegyen álló törzsek egy hatalmas kiáltással válaszoltak a völgybe: „Ámen! Ámen!"

Így tettek az Ebal hegyén lévő törzsek is, amikor kihirdették az átkokat. Ezzel a rítussal az izraeliták meg akarták teremteni az áldás és az átok kontextusát, amelyben a völgyektől a hegycsúcsokig minden természet részt vett. Ennek a rítusnak a hatása az idők folyamán megmarad, amíg maguk a hegyek ott maradnak, hogy tanúi lehessenek annak.

Elképzelhetjük ennek az eseménynek a nagyszerűségét, több tízezer ember gyűlt össze a két hegyen. Valójában annyi emberiség érzelmi részvételének kellett létrehoznia azt az "erőteret", amelyet még az írott törvénynél is magasabb dimenzióban kellett létrehozni, örök erő, elpusztíthatatlan és már nem módosítható.

A rituális fürdő a Gangesz folyóban.

Nem ez volt az egyetlen alkalom, amikor az emberiség számára általában kedvező erőtereket az emberi részvétel hozza létre.

Az indiai mitológia szerint Gangának (innen a Gangesz folyó neve), Himavan hegyi király lányának volt ereje mindent megtisztítani, amihez hozzáért.

Ezért a hinduk szerint a Gangesz folyó szent. Úgy vélik, hogy az ember létének legalább egyszer fürödnie kell a Gangeszben.

Sok hindu család otthon tart egy üveg Szent Ganga vizet. Mindenki úgy véli, hogy ez a víz megtisztíthatja az ember lelkét minden bűntől, és a betegeket is meggyógyíthatja.

Hatévente a hindu hívek a Gangesz és más két folyó, a Yumana és a Saraswati összefolyásánál gyűlnek össze, hogy megünnepeljék Ardh Kumbh Mela ünnepét, amelynek végén a Sahi Snan, vagyis a tisztító fürdő szertartása tart. hely.

Hihetetlenül teljes pátosz szertartás. Hinduk ezrei és ezrei merülnek el a folyóban fürdeni, amely gyógyítja a lelket. Az áramló víz meg van impregnálva hitükkel, és visszahangolja azt, mint gyógyító erőt az egész teremtésen.

Nyilvánvaló, hogy ez a szertartás miként vált ki mérhetetlen intenzitású érzelmeket a nem hívők számára, akik ezt megfigyelik. Bizonyára minden résztvevő részt vesz egy hatalmas misztikus erőtérben.

Több tízmillió ember, akik közül néhány fertőző betegségben szenved, sőt emberek és állatok holtteste megérinti a Gangesz folyó vizeit. Állítólag meglepő módon soha senki sem betegedett meg attól, hogy átnedvesedett vagy megitta ezt a vizet.

A gyógyító erő hasonló misztikus mezejét számos más vízforrásban megtalálhatjuk, például a franciaországi Lourdes szentélyében.

Erőmezők és archetípusok.

Jung szerint az archetípusok az emberi tudattalan veleszületett és előre meghatározott elképzeléseit képviselik. A kollektív tudattalanban laknak, és a pszichés energia valódi központjai.
Spontán megnyilvánulnak az egyének fejében, különösen válságok vagy átalakulások miatti szenvedés pillanataiban.
A szinkronitás epizódjai annak a kapcsolatnak köszönhetők, amelyek létrejöttek az emberek pszichéje által a kollektív tudattalanból gyűjtött adatok és a külvilágban tapasztaltak között.
Miközben veleszületettek, és tartalmazzák az emberi történelmet és tapasztalatokat, az archetípusok megerősödnek, ahogy az emberi faj fejlődik.
Minél több erőteret generál az emberi psziché, annál inkább egy "archetípus" konszolidálódik a kollektív tudattalanban.
Ebben az értelemben azt mondhatnánk, hogy az ember vágyait az az egyetemes elme alakítja, amelyet mi kollektív tudattalanként definiálunk. Viszont az egyetemes elmét a vágyak és elvárások által generált erőterek, vagyis az emberi szándékok alakítják. A szinkronitás mindkét irányban működik.

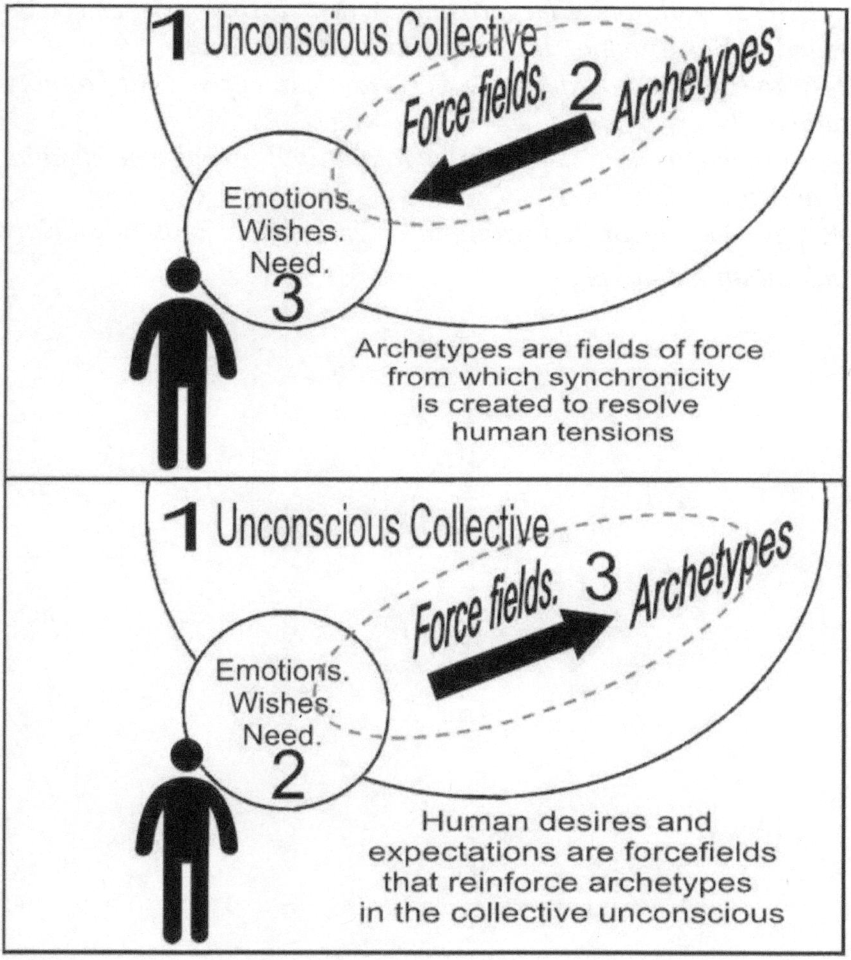
1 Unconscious Collective
Force fields. 2 Archetypes
Emotions.
Wishes.
Need.
3
Archetypes are fields of force from which synchronicity is created to resolve human tensions
1 Unconscious Collective
Force fields. 3 Archetypes
Emotions.
Wishes.
Need.
2
Human desires and expectations are forcefields that reinforce archetypes in the collective unconscious

24. ábra: Kölcsönös megerősítés a nem lokális felé emelkedő szándékok és az onnan leszálló szinkronitások között.
1 A kollektív tudatalatti az a hely, ahol az egyén és a kozmosz találkozik.
Az archetípusok a kollektív tudatalattiból az egyéni tudatba áramlanak.
Az egyének vágyai, tapasztalatai és érzelmei erősítik a kollektív tudatalatti tudatosságot.

Mentális mezők.

Rupert Sheldrake brit biológus és esszéista a legismertebb morfikus mezők vagy formamezők elméletéről. Ezeknek a mezőknek az a jellemzője, hogy nincs utalásuk a klasszikus fizikára, vagyis nem mechanisztikusak, hanem ismeretlen törvények irányítják őket. A kiterjesztett elme című könyvében ezt mondja:

"Amikor a Cambridge-i Egyetemen a növényfejlődéssel kapcsolatos kutatásokat folytattam, arra a következtetésre jutottam, hogy az élő szervezetek mezőkön keresztül szerveződnek.

Hogyan nőnek a növények a magokban lévő egyszerű embriókból gardéniakká, szekvenciákká vagy bambuszokká? Hogyan öltik magukra a levelek, virágok és gyümölcsök a saját jellegzetes formájukat?

A naiv válasz azt jelenti, hogy minden genetikailag be van programozva. Valahogy minden fejlődő növény vagy állat követi a génjeiben található utasításokat.

Ennek az elméletnek az a problémája, hogy valójában tudjuk, mit csinálnak a gének: kódolják a fehérjemolekulákat alkotó aminosavakat.

A gének lehetővé teszik a sejtek számára a megfelelő fehérjék termelését a megfelelő időben, a test fejlődésével. A megfelelő fehérjék birtoklása azonban nem magyarázza meg a virág alakját vagy az egér szerkezetét. Miért alakul ki ez a szerkezet így? Senki se tudja. Ez a biológia egyik legnagyobb megoldatlan problémája.

Az elmúlt negyven évben hatalmas erőfeszítéseket tettek a gének tanulmányozására és aktivitásuk szabályozására. Rengeteg részletes információ áll rendelkezésre, de ez nem jelenti az egér vagy bármely más szervezet fejlődésének megértését.

Ha azt mondjuk, hogy a sejtek, szövetek és szervek egyszerűen automatikusan megszerveződnek, az egyenértékű azzal, hogy azt mondjuk, hogy ha az összes anyagot megfelelő időben szállítanák egy építkezéshez, akkor az épület automatikusan maga és megfelelő formában épülne fel.

Ez nyilván nem így van. Az épületeket nem maguk építik, hanem egy projekt alapján állítják fel. Természetesen a projektet nem tartalmazzák az építőanyagok: ez egy térbeli ötlet, információminta, amely hiányzik az anyagokból. "

A múlt század óta számos biológus, az élő szervezetek fejlődését tanulmányozva arra a következtetésre jutott, hogy a gének munkája nem elégséges, és a szükséges anyagok programozásán túl egy olyan szervezeti rendszernek is rendelkeznie kell, amely felügyeli a fejlődést.

Úgy gondolják, hogy a rendszer mezőkön alapul, az úgynevezett "morfogenetikus mezőket". Az organizmusok fejlődésének tanulmányozására készített matematikai modellekben "vonzerőt generáló" elemeket vezettek be. Az "attraktorok" azok a célok, amelyek felé a morfogenetikus mezők hajlamosak.

Ezek a vonzók olyan meghatározatlan terekben helyezkednek el, amelyeket a matematikusok "vonzásmedencéknek" neveznek, és képesek az egyes organizmusokat vonzani és irányítani a fajuknak és nemzetségeiknek megfelelő fejlődés irányába.

Így az egér fejlődését az egerek morfogenetikus mezője, a százszorszépét a százszorszépek morfogenetikus mezője alakítja.

Minden jó, de hol vannak ezek a mezők? Hogyan mérik, hogyan mérik?

Abszolút sötétség uralkodik ezen. Itt van tehát, hogy az egyszerű százszorszép fejlődésének matematikai modelljeihez is ... az ismeretlenhez kell fordulni, hogy megmagyarázzák a százszorszép kialakulását.

Kötelezővé válik annak elfogadása, hogy az olyan fizikai mezők mellett, mint az elektromos mező és a mágneses mező, léteznek nem fizikai és nem lokális mezők, vagyis nem mérhető mezők. Továbbá nem ismert, hogy ezek a mezők hol vannak, vagy honnan származnak.

Tekintsünk egy 30-40 éves, 1,75 méter magas és 70 kg súlyú embert, férfit vagy nőt. Kémiai összetétele a következő lesz:

víz 59%, 41,4 kg-nak felel meg
fehérjék 19%, egyenlő 13 kg-mal
zsír 17%, egyenlő 12 kg
ásványi anyagok 4%, egyenlő 3 kg
szénhidrát 1%, egyenlő 0,6 kg

nyom vitaminok 3-5 g

Gondolod, hogy ezeket az elemeket rázógépbe rakva és tetszés szerint rázva embert kapnál? Nem. Még az embereket sem véletlenszerűen "szerelik össze", hanem egy morfogenetikus mező utasításai szerint. (Lásd a 25. ábrát).

Hogyan működnek a morfogenetikus mezők?

Valójában senki sem tudja. Rupert Sheldrake feltételezi, hogy ezek egy nemzetségnek a fizikusok által még fel nem ismert területei, ezért három tulajdonságot javasol.

Az első nyilvánvaló, a morfogenetikus mező olyan projekt, amely az egyébként véletlenszerű folyamatokat irányítja. Morfogenetikus mező hiányában, amely irányítja (sőt előírja) az egér fejlődését, káosz lenne: nyolc farkú és egy lábú egérünk, rosszabb esetben a csótányokhoz hasonló fél testű egerek lehetnek.

A második az, hogy ezek a mezők, amint azt a matematikai elméletek feltételezik, tartalmazzák a "vonzás ágenseit".

A pillanat fejlődésének megtervezése mellett ezek a területek tudják, hogyan kell irányítani a jövőbeli fejlesztéseket. A morfogenetikus mezők tudják, "merre tartunk", látják, mi fog történni, mielőtt megtörténne.

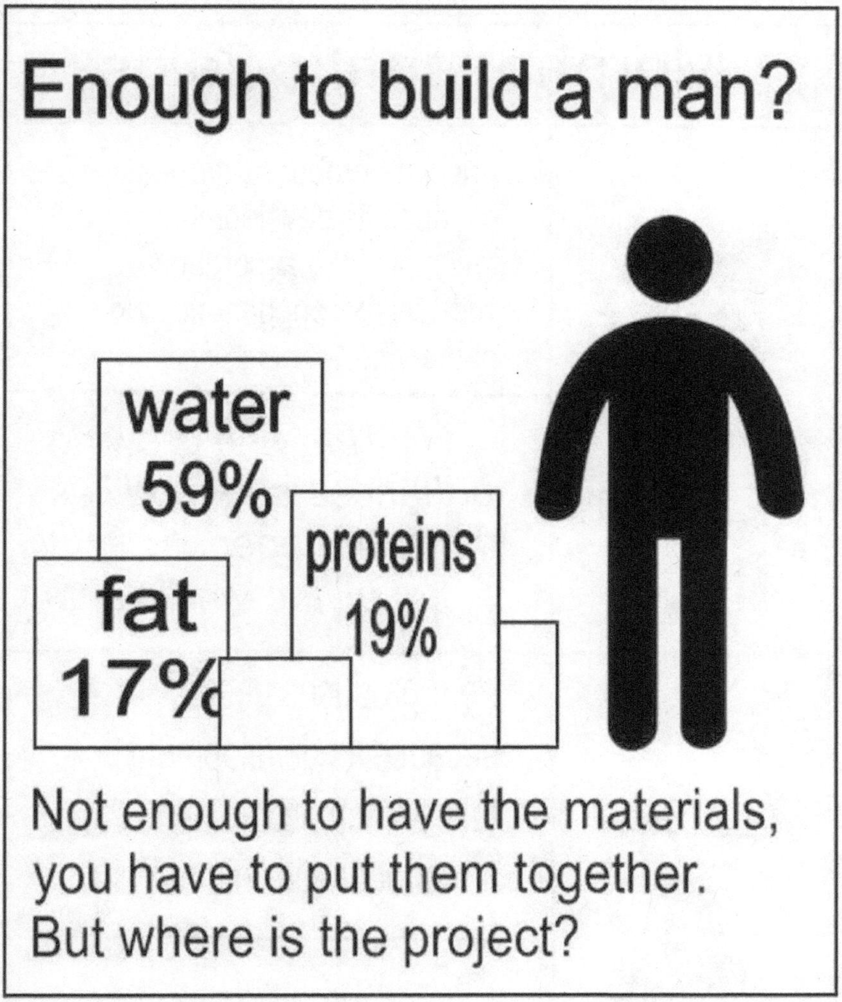

25. ábra Nem elegendő az összes anyagot az építkezésre vinni, hogy épületet készítsen. Szükség van egy projektre. Ezt azonban nem tartalmazzák az anyagok.

<table>
<tr><th colspan="2">Morphogenetic fields</th></tr>
<tr><td rowspan="2">
1</td><td>The vine produces grapes because its development takes place in accordance with the morphogenetic field of the vine.</td></tr>
<tr><td>This vine growing enhances and modifies the morphogenetic field of all the vine plants.</td></tr>
<tr><td rowspan="2">
2</td><td>Pear produces pears because its development takes place according to the morphogenetic field of Pear.</td></tr>
<tr><td>This growing pear tree enhances and modifies the morphogenetic field of all pear trees.</td></tr>
</table>

26. ábra: A világegyetem minden eleme, állati, növényi vagy ásványi anyag a morfogenetikai mezőjébe írt projekt szerint fejlődik.

1 A szőlő azért termel szőlőt, mert fejlődése követi a szőlő norfogenetikus mezőjét. Amint ez a szőlő növekszik, megerősíti az összes szőlő morfogenetikus mezőjét.

2 A körte azért termel körtét, mert fejlődése a körtefák morfogenetikus mezőjét követi. Ez azonban növekedésével megerősíti az összes körte morfogenetikus mezőjét.

Van bölcsességük, vagy ha úgy tetszik, lelkiismeretük, tisztában vannak feladatukkal. Amint a projekt ma fejlődik, a terület már látja, mi fog történni a jövőben.

A harmadik tulajdonság az, hogy a morfogenetikus mezőket nem regisztrálják végleg az univerzumban, hanem a referencia organizmusokkal együtt fejlődnek. Minden faj mezõinek története van, amelyekrõl tudnak. (Lásd a 26. ábrát).

Morfogenetikus mezők és morfikus rezonancia.

További lépés a morfogenetikus mezők működési elvének kiterjesztése. Ezeket már a nevük is korlátozza: feladatuk a génekkel való együttműködés az organizmusok építési projektjeinek megvalósításához.

Elképzelhetünk nagyobb területeket, ahol a mezők irányító projektekké válhatnak nemcsak a fizikai test, hanem a karakter, vagyis a pszichés tulajdonságok felépítésére is.

Például, ahogy az egér növekszik, az ösztönei és viselkedése is nőhet vele egy már létező terv alapján. Gyerekként ösztönössége arra ösztönzi, hogy táplálékot kérjen édesanyjától, amikor felnő, önállóan keres majd táplálékot vadászatával vagy a hulladék között keresve.

Ebben az esetben a fejlődő egér pszichéje és az előtte élő összes végtelen egér pszichéje közötti morfikus rezonanciáról beszélünk.

A rezonancia az echohoz vagy a zúgáshoz hasonló jelenség. Nagyon gyakori példa: képzelje el, hogy két bekapcsolt mikrofont közel hoz egymáshoz; elkezdhet növekvő hangerővel rendelkező sípokat hallani.

Technikailag azt mondják, hogy a két mikrofon oszcillál: mindkettő továbbít egy jelet a másiknak, és erősített viszonzásban fogadja. Ezt javasoltuk a 24. ábrán azzal érvelve, hogy az archetípusok és a tudat kölcsönhatásba lépnek és erősödnek.

Hasonlóképpen, morfikus rezonancia révén egymilliárd, korábban élt egér és az egyetlen egér pszichéje érintkezik. Az egyén megkapja a faj összes tapasztalatát. Ugyanakkor a faj tapasztalata az egyén tapasztalataival gazdagodik. Beszéljünk a faj emlékezetéről.

A kérdés az: hol van a faj emlékezete? Sehol sem mondhatjuk, mert egyik tulajdonsága a nem lokalitás. Vagy az eddigiekkel analóg módon elhelyezhetjük az egerek kollektív tudattalanjában.

Ismét Sheldrake-et idézem a morfikus tér fogalmának jobb tisztázása érdekében.

27. ábra A halak vagy madárállományok mozgása és fejlődése a nem lokalitással összefüggő erőterek miatt következik be. Ezért azonnal továbbítják őket minden halnak vagy madárnak.

1 A vándorlási ösztön a gólya morfikus mezőjéből származik.

2 Erőtér koordinálja a gólyanyáj mozgását.

"Other kinds of morphic fields include the behavioral fields that underlie the behavior and instincts of animals. As a kitten grows up, its instincts and behavior are shaped by morphic resonance from countless cats in the past. Its morphic fields contain a collective memory of the species. These fields interact with nervous systems and brains by imposing pattern and order on otherwise indeterminate or chaotic processes within them, as I discuss below.
In addiction, the morphic fields of social groups, or social fields, coordinate the behavior of animal groups, such as termite colonies, flocks of birds, schools of fish, and packs of wolves". (The Sense of Being Stared At: And Other Unexplained Powers of Human Minds)

„Vannak morfikus mezők, amelyek magukban foglalják azokat a viselkedési mezőket, amelyek az állatok viselkedését és ösztöneit alapozzák. Ahogy a macska növekszik, ösztöneit és viselkedését a morfikus rezonancia révén a múlt számtalan macskája alakítja. Morfikus mezői a faj kollektív emlékezetét tartalmazzák. Ezek a mezők kölcsönhatásba lépnek az egyének idegrendszerével és agyával, s mintákat és sorrendet szabnak azokra a folyamatokra, amelyek egyébként határozatlanok vagy kaotikusak lennének bennük.
Ezenkívül a társadalmi csoportok morfikus mezői vagy a társadalmi mezők koordinálják az állatcsoportok viselkedését, például a termeszek telepei, a madárállományok, a halak vagy a farkasok viselkedését ".

Morfikus mezők.

A morfikus mezők néma jelenlétüket érzékelésünkben, gondolatainkban és minden mentális folyamatunkban nyilvánítják meg.

A mentális tevékenységek morfikus tereit mentális mezőknek nevezzük. A mentális mezőkön keresztül az elme eljut a környezetbe, és kapcsolatba lép a társadalmi csoportok többi tagjával.

Ezek a kapcsolatok magyarázhatják a telepátiát, a figyelés érzését, a tisztánlátást és a pszichokinezist. Segíthetnek az előérzetek és az előérzetek megértésében is, mivel tudják, hogyan lehet a jövőbe terjeszteni, mivel a nem helységben a jövő nem létezik.

Az "erőmezők" a természetben. A kövek..

E rész elején felvetettem az erőterek hipotézisét, amelyek a szándékok, vagyis az ember vágyainak és lelkiismeretének eredményeként alakulnak ki, mint például a Gangesz folyó szent fürdése alkalmával.

Vannak azonban az embertől független természetes erőterek, amelyeket az ember az emberiség hajnala óta azonosított, amikor a természeti erőkkel való kapcsolatai sokkal erősebbek voltak, mint ami ma történik.

A zarándokhelyek már az őskorban is léteztek, kapcsolódva bizonyos helyek szakrális hitéhez: erdők, patakok, kövek. A vallási kultuszok ünnepei is ezekből a hiedelmekből alakultak ki.

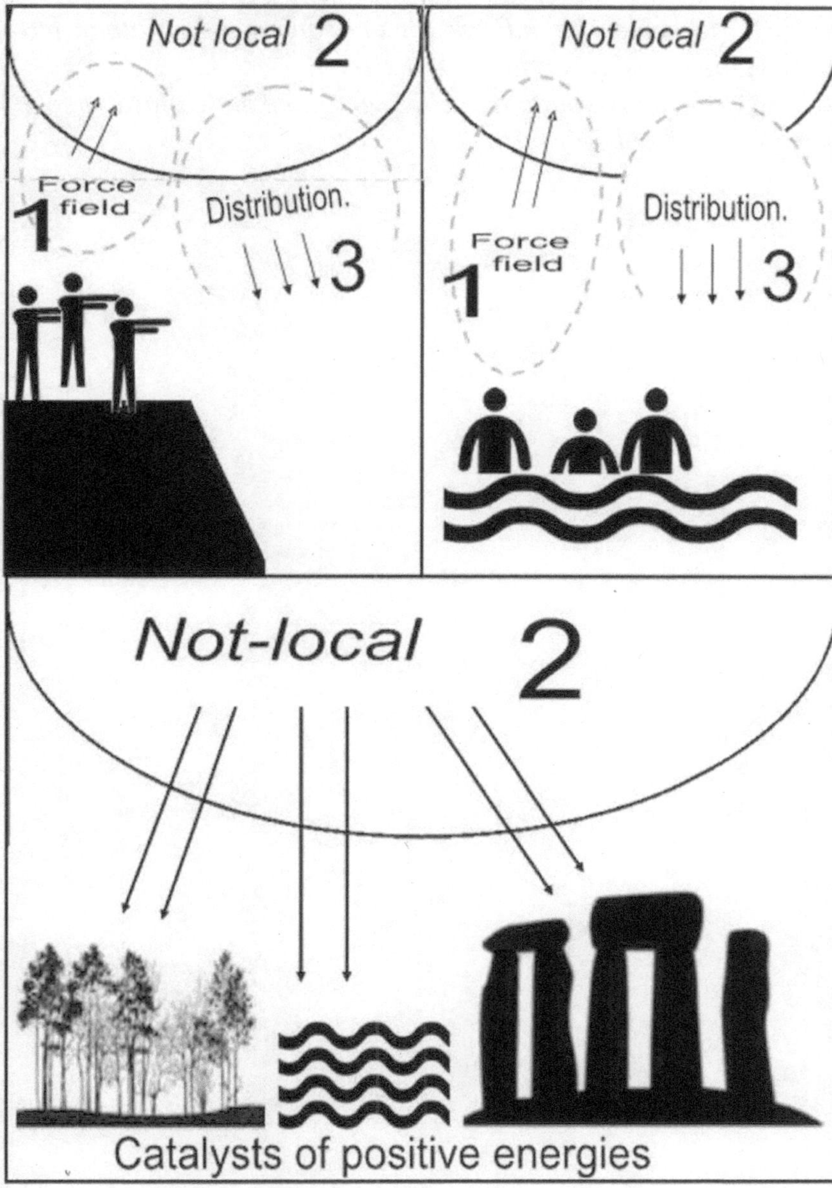
Not local 2
Force field
1
Distribution.
3
Not local 2
Force field
1
Distribution.
3
Not-local 2
Catalysts of positive energies

28. ábra: Pozitív energiakatalizátorok.

1 - 2 Az emberi szándékok olyan erőtereket hozhatnak létre, amelyek befolyásolják a nem helyi szintet.

3 A föld számos pontja a pozitív energiák katalizátora, amelyek nem helyi szintről származnak.

A földet anyaként tisztelték, minden népben jelen lévő koncepció szerint. Következésképpen minden, ami a Földanyától származik, szent jelentést nyert.

Különösen egyes köveket misztikus tulajdonságú konténereknek tekintettek. A kő, amely önmagában az erőt és a tartósságot szimbolizálja, az isteni, hatalmas és örök erő jelenlétének kifejezőjévé vált.

A kő a biztonságot is inspirálta, mivel az első emberi lakások közvetlenül a kő belsejében, a barlangokban helyezkedtek el.

A barlangokat nemcsak kollégiumoknak, hanem szakralitással teli helyeknek tekintették. Ezt úgy lehet megérteni, hogy megfigyeljük a barlangok közül sokakat.

A díszek a barlangokat templommá alakították, mint például a barlangokban, amelyeket Lascaux vagy Chauvet sziklafestményei díszítettek Franciaországban, a spanyol Altamira barlangjában vagy akár a szicíliai Levanzo-i Grotta del Genovese-ban.

Egyetlen más anyag sem kísérte az ember történetét, mint a kő. A kapcsolat az eszközök építésével kezdődik, és ma a felhőket érintő épületek felemelésével folytatódik.

A kő szimbólumát megtaláljuk az alkimista gyakorlatban is, amelynek célja a bölcsek köve felkutatása, amely képes az ólmát arannyá átalakítani, de az embert is nyers természetéből egy magasabb szellemiségbe emelni.

Minden kultúrában úgy tekintenek az emberre, mintha az ég felé nyúlna, ahonnan származott. Az ember csak ideiglenesen választ el az univerzumtól, tekintettel halandó természetére, de folyamatosan keresi a hidat, amely egyesíti őt azzal az örökkévalósággal, amelyből származik.

A kövek gyakran híddá válnak, amely ezt az érintkezést támogatja. Ebben a perspektívában a megalitok láthatók.

Az egyes elemekként vagy körökben (cromlech) felállított kövek, mint az angliai Stonehenge-ben, vagy ismét a franciaországi Carnac-ban, a világegyetem energiájának katalizálására képesek. (Lásd a 28. ábrát).

Ez az energia, amely az egészből, vagyis a nem lokalitásból származik, helyi erőtereket generál, amelyekben az ember elmélyülhet, hogy összekapcsolódhasson az egyetemes erővel, az istenivel.

Az ezeken a helyeken generált erőterek gyakran kiváló gyógyító képességekkel rendelkeznek, már csak azért is, hogy a pszichológiai jólét fizikai jólétet is teremt.

Pierre Teilhard de Chardin és az "Omega-pont".

Pierre Teilhard de Chardin jezsuita pap volt, Franciaországban született Orcines-ban, 1881-ben. Főleg evolucionista tudósként ismert, számos elméletet dolgozott ki, amelyek között fontos a "Noosphere" -re vonatkozó elmélet.

A "Noosphere" egy olyan kifejezés, amely a görög "nous" szóból származik, ami értelmet és "gömböt" jelent a bioszféra vagy a biológiai mező értelmében.

Teilhard de Chardin számára a "Noosphere" az emberek kollektív tudata, amely az összes emberi elme közötti kölcsönhatásból fakad. Az emberi faj szerveződésének előrehaladtával a nooszféra egyfajta rezonanciává fejlődött.

A koncepciónak minden bizonnyal erős analógiái vannak Jung kollektív tudatalattijával és Sheldrake "morfikus mezők" kialakulásával.

Minél jobban szervezi magát az emberiség összetettségének növelésével, annál jobban formálódik a nooszféra. A tudós azzal érvelt, hogy a "Noosphere" növekszik, növekvő rezonanciával és integrációval, amíg el nem éri az általa Omega Pontnak nevezett pontot,

Ez a komplexitás és tudatosság maximális szintje, amely felé az univerzum fejlődik.

Írásainak közzététele heves vitákat váltott ki a katolikus körökben, a konzervatívok és az újítók között a II. Vatikáni Zsinatot megelőző időszakban fennálló ellentétek miatt is.

Teilhard de Chardint valóban eretnekséggel, pontosabban panteizmussal vádolták, ugyanazzal a váddal, amiért Giordano Brunót égették el a téten.

Szokás szerint a római egyház megmutatta, hogy mindig egy lépéssel lemarad a tudomány folytatásában, ezért az olyan buzgó bírák elítéléseit, mint amilyeneket improvizálnak, reflektívebb és felvilágosultabb elméknek kell felülvizsgálniuk.

Valójában az utóbbi időben Teilhard de Chardin elméleteit pozitívan értékelték újra. VI. Pál pápa a tudomány és a hit viszonyáról szóló beszédében dicsérte munkáját és tudósként jelölte meg, aki az anyag tanulmányozása során sikerült újra felfedeznie a Lelket.

Azt is hozzátette, hogy De Chardin elmélete nem tagadta Istent, hanem támogatta "Isten jelenlétét mint intelligens és Teremtő elvet".

Ezt követően Ratzinger bíboros, később XVI Benedict pápa elismerte, hogy a Tanács egyik fő dokumentumát, a "Gaudium et Spes" enciklikát erősen áthatja a francia jezsuita gondolata. Továbbá kijelentette, hogy látomása a "nagy kozmikus liturgia" előzménye.

Ötödik rész. A kvantumfizika csodái.

I have yet to see any problem,
however complicated, which,
when looked at in the right way
did not become still more complicated.
(Poul Anderson, writer)

Minden bonyolult probléma, amelyet megfelelő módon elemeznek, még bonyolultabbá válik. (Poul Anderson, író)

Idő, távolság, "nem helység".

Mielőtt foglalkoznánk a "kvantum-összefonódás" nevű jelenséggel kapcsolatos témával, hasznos képet kapnunk arról, hogy milyen dimenziókban mozogunk. A fizikai szinten élve hozzászoktunk az idő méréséhez másodpercektől évszázadokig terjedő skálán, és úgy tűnik számunkra, hogy a két szélsőség közötti távolság óriási.

Valójában egy évszázad 876 000 órát foglal magában, és ezért figyelembe véve, hogy egy óra 3600 másodpercből áll, egy évszázad körülbelül 3 milliárd és 154 000 másodpercből áll.

Ha azonban megpróbáljuk azt gondolni, hogy a csillagászatban az időt évmilliárdokban számolják (egymilliárd év tízmillió évszázad), akkor jól láthatjuk, hogy az általában használt mértékegységek nem elegendőek.

Ugyanez mondható el a távolságokról is: általában milliméterben, méterben vagy kilométerben gondolkodunk. Ha azonban méréseket akarunk végezni a galaxisban vagy az atom magjában, akkor rájövünk, hogy ezek a mértékegységek nem megfelelőek.

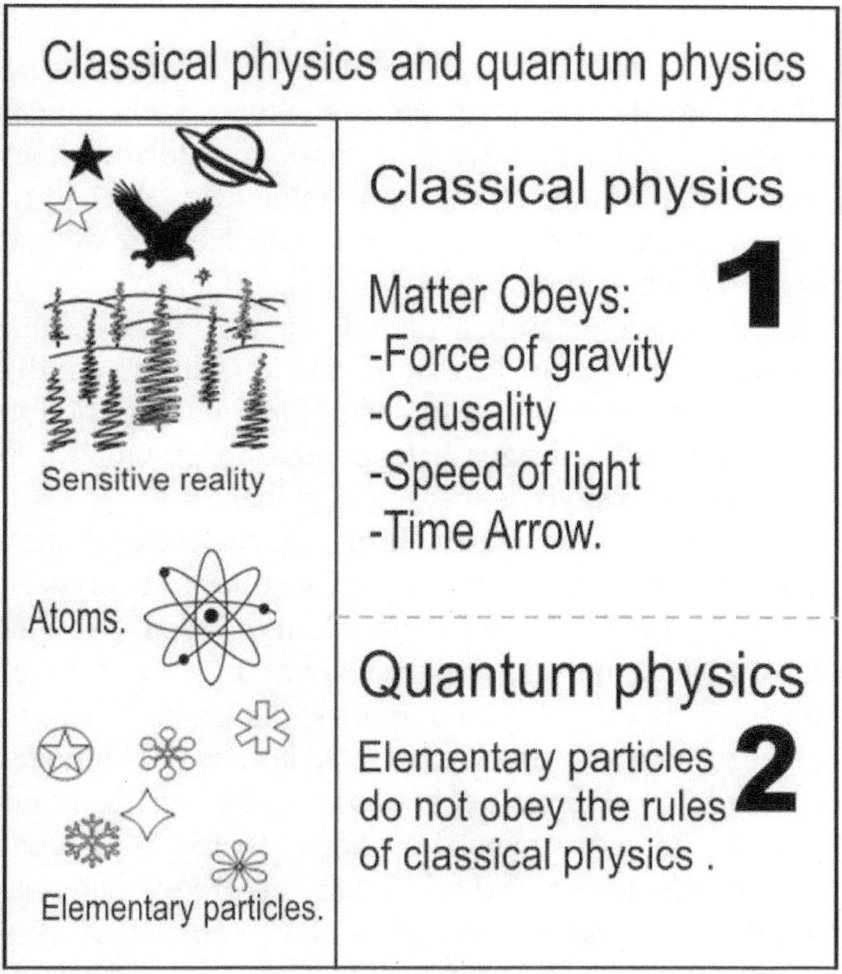

29. ábra Néhány évvel ezelőttig csak a klasszikus fizikát ismertük. Most világossá vált, hogy létezik egy másik szint, az elemi részecskék szintje. Ezen a szinten a klasszikus fizika szabályai már nem érvényesek.

1 A klasszikus fizika, az anyag számos törvénynek engedelmeskedik: a gravitációs erőnek, az okságnak, a fénysebességnek, az idő irányának.

2 A kvantumfizikában az elemi részecskék nem tartják be ezeket a törvényeket.

A szinkronitások a megfelelő időben történnek.

A Héberekhez írt levélben, a múltban Szent Pálnak tulajdonított bibliai szövegben a szerző kijelenti, hogy Krisztus "... amikor eljött az idő teljessége, azért jött a világra, hogy eltörölje a bűnt azzal, hogy feláldozta magát" (Zsid. 9, 26b)

Egyik beszélgetésében a jól ismert olasz bibliai exegéta, Gianfranco Ravasi rámutatott, hogy minden teológiai vonatkozás sérelme nélkül az "amikor eljött az idő teljessége" kifejezés a legpontosabb értelmében is értelmezhető, vagyis "a megfelelő időben".

Ravasi véleménye szerint Jézus születésének pillanata abszolút támogató volt az evangélium elterjedése szempontjából: a Római Birodalom minden területén utakat épített, ami nagyban megkönnyítette az emberek mozgását, és velük együtt új ötleteket is.

A Jézus tanítványainak azt a feladatot, hogy "Menjetek el az egész világra, és hirdessétek az evangéliumot minden teremtménynek" (Mk 16:15), nagyban megkönnyítette az akkori világ helyzete: hatalmas területek gyakorlatilag békében és könnyen elérhetőek.

Tudjuk, hogy az archetípusok, vagyis az emberiség kollektív tudattalanjában jelen lévő "eszmék" kölcsönhatásba lépnek és megerősödnek az ember lelkiismeretével és szándékaival.

Human evolution			
From four million years to 10,000 years ago	1		Stone Age in its various stages
From 10,000 to 200 years ago	2		Age of metals
From 1800	3		Industrial Revolution
From 1900	4		Computer revolution
Next evolutionary step	5		Science that unifies matter and psyche

30. ábra Hatalmas időre volt szükség egy olyan evolúciós szinkronitás kiváltásához, amely lehetővé tette az átmenetet a kőkorszakból a fémkorba. Az elmúlt évszázadokban a szinkronitás frenetikus trendet öltött.

1 A kőkorszak évmilliókig tart, és csak 10 000 évvel ezelőtt ér véget.

2 A fémek kora 10 000 és 2000 évvel ezelőtt tart.

3 Az ipari forradalom a 19. század folyamán kezdődik

4 Az információs forradalom a 20. században kezdődik

5 A következő evolúciós lépés magában foglalja az univerzum anyagi és pszichés komponense közötti együttműködést.

Hasonlóképpen ésszerű azt hinni, hogy az új vallás gondolata akkor erősödik meg, amikor többen beleteszik vágyaikba és elvárásaikba, vagyis saját szándékaikba.

A kereszténység gyorsabban terjedt, mert az új hívők elvárásai folyamatosan növekedtek, és visszhangoztak a nem lokális kereszténység eszméjével.

A hívek növekvő száma szorzó volt. Természetesen a keresztény hit szerint a "nem lokalitás" dimenziója egybeesik a Szentlélek munkájával, aki segíti és irányítja a tanítványokat prédikálásukban.

Elképzelhetünk egy másik példát a "legmegfelelőbb időre", ha értékeljük az emberi evolúció idejét. Az ember korai feloszthatók a kőkorszakra, a rézkorra, a bronzkorra és a vaskorra.

Ha ezeket a korokat így soroljuk fel, akkor nincs megítélésünk ezek időtartamáról. Valójában a kőkorszak 3-4 millió évvel ezelőtt kezdődik, és csak 10-12 000 évvel ezelőtt történtek olyan változások, amelyek a rézkorhoz vezettek: 5000 évvel ezelőtt a bronzkorig. A vaskor 3000 évvel ezelőtt következik be. (Lásd 30. ábra)

A kőkorszak rendkívül hosszú ideig tartott, mint az összes későbbi kor. Miért maradt az ember ilyen hosszú korai életkorában, több mint hárommillió évig, mielőtt megtette az első evolúciós lépést a rézkorban? Ez egy olyan kérdés, amelyre a modern paleontológia nem tud választ adni.

Vegyünk egy hipotézist: mindazt a nagyon hosszú időszakot, amelyet a férfiak nem akartak, nem szándékoztak fejlődni, talán nem is képzelték el a lehetőséget, mert még nem volt elegendő lelkiismeret a szándékok kifejezésére.

Talán ők is olyan kevesen voltak, hogy képtelenek voltak olyan erőteret kialakítani, hogy olyan szinkronitásokat indukáljanak, amelyek alkalmasak az evolúciós fejlődés előmozdítására.

Egy bizonyos ponton a megnövekedett szám és néhány kedvező körülmény olyan erőteret indított el, amely elegendő volt a kulturális fejlődés archetípusával való kölcsönhatáshoz.

Ettől kezdve az evolúció nagyon gyors volt, gyorsan átment a rézkorból a bronzkorba, majd a vaskorra.

Ma a szilícium, vagyis az információ korát éljük. Ma már rendelkezünk olyan kommunikációs eszközökkel, amelyek segítségével gyorsan elterjeszthetjük az új ötleteket, amelyek képesek erő- és elvárási tereket generálni a tudás legfejlettebb határaival kapcsolatban.

A manapság felmerülő erőterek néhány évtized alatt, nem pedig több millió év alatt terjeszthetik és változtathatják meg az emberiség evolúciós útját.

Az az idő, amelyben élünk, minden bizonnyal a megfelelő alkalom arra, hogy a kvantumfizika előrehaladásával kapcsolatos új ötletek, például a kvantum összefonódása, megragadják és megzavarják a világegyetem valóságáról szóló összes régi hitet.

Valójában a "kvantumos összefonódás" megjósolja az anyagból és a pszichés valóságot. Az „összefonódás" újraértékeli és aktuálissá teszi mindazokat a gondolatokat és megérzéseket, amelyeket az emberiség még soha nem tudott kipróbálni, még akkor sem, ha mindig igaznak érezte őket.

A kvantum összefonódása valódi és meggyőző bizonyítékokat kezd előállítani. Ennek az új tudománynak a "védelmezői" hálózata jön létre a világon, amely képes olyan erőtér létrehozására, amely elegendő ahhoz, hogy minden nap ugyanazt az elképzelést megerősítse.

A kvantum összefonódása néhány év alatt hihetetlen szinkrón sorozat révén alakult ki..

A megfelelő időben lezajlott találkozó.

1932 januárjának egyik hideg délutánján egy szerény külsejű férfi bekopogott egy akkori ismert pszichoterapeuta irodájának ajtaján.

Úgy döntött, hogy meghallgatja apja tanácsát, aggódik a mentális egészségi állapota miatt, és szakemberhez fordul. Valójában ez az ember nagyon nehéz pillanaton ment keresztül az életében.

Az 1900-as évek elején Bécsben született, és hamarosan harmincéves lett volna, azzal az érzéssel, hogy nagyon keveset tett az életében. A pszichés rendellenességek súlyos állapotába esett az őt érintő sok tragikus esemény miatt.

Nevezetesen négy évvel korábban édesanyja öngyilkos lett, majd néhány hétig tartó házasság után elvált feleségétől, egy kabaré énekesnőtől.

Mindez arra késztette, hogy alkoholistává váljon, ezért gyakran előfordult, hogy késő este kirúgták a különféle helyeken, ahol gyakran járt, mert más ügyfeleket zavart.

Többek között ez a szokás ingerlékennyé tette és a munkakörnyezetben is. Itt nem tudott szívélyesen viszonyulni másokkal.

Feljegyzéseiben a pszichoterapeuta így írja le az emberrel való találkozását:

„Volt egy sajátos betegem. Egyetemi tanár volt. Nagyon mono-orientált értelmiség volt. Eszméletlenül zavart és nagyon aktív lett. Más emberekbe vetítette magát, akik ellenségeinek tűntek. Rettenetesen egyedül érezte magát, mert úgy tűnt, mindenki ellene van. "

A pszichoterapeutát Carl Gustav Jungnak, a türelmes Wolfgang Paulinak hívták. (Lásd: 31. ábra). Ettől a találkozótól, amelyet a közös kulturális érdekekből fakadó barátság hamarosan megerősített, intenzív együttműködés alakult ki a kettő között.

Valójában pszichés problémái ellenére Pauli ragyogó tudományos elme volt, olyannyira, hogy 1945-ben Nobel-díjat kapott a kvantumfizika fejlődéséhez elengedhetetlen felfedezéséért, a közismert "Pauli kirekesztés" elven.

A kettő találkozása nem véletlenül következett be, de rendkívül pontos szinkron volt ez az idő, és az egész emberiséget a világegyetem valóságáról szóló jelenlegi ismeretek felé terelte.

31. ábra Wolfgang Pauli, 1945. évi fizikai Nobel-díj.

Jung és Pauli két elméletet egyesítettek. Az elsőt, az archetípusok és a kollektív tudattalan elméletét Jung fejlesztette ki. Ez az elmélet Pauli tudományos pontosságának és szigorú módszertanának volt kitéve. Pauli összehasonlította Jung elméletét a kvantumfizika alapelveivel is. A könyv tartalmának nagy része együttműködésük eredményein alapul.

Pauli álmainak köszönheti tanulmányainak számos pozitív eredményét. Azt állította, hogy sok hasznos inspirációt kapott álmában.

Pauli-effektus..

Pauli a társai között nagyon különleges tulajdonságáról volt ismert.

Azt mondják, hogy amikor Pauli besétált egy kutatólaboratóriumba, mindig történt valami. Például voltak olyan eszközök, amelyek nem működtek, tárgyak, amelyek összetörtek, mások, amelyek a földre zuhantak vagy felrobbantak.

Sok fizikus úgy döntött, hogy semmilyen módon nem engedi be, és kitalálja a legötletesebb kifogásokat. De úgy tettek, hogy nem szóltak neki, az iránti tiszteletből.

Csak a kollégája, Otto Stern jelentette be nyíltan a tilalmat visszavonhatatlan döntésként. Természetesen a pszichokinetikus erők területe kialakult Pauli körül. Ez a mező hatással lehet a szilárd anyagra.

Ezt a Pauli-hatást sok kollégája tanúsítja. Ezek egyike, J. Frank azt írta neki, hogy egyik göttingeni berendezése meghibásodott. De nem hibáztathatta Paulit, mert Pauli aznap hiányzott.

Pauli azt válaszolta, hogy a baleset idején utazott, és vonatát közvetlenül a göttingeni állomáson állították meg.

E folklór megfontolások ellenére Pauli Bohr, Heisenberg, Dirac és mások mellett a kvantummechanika egyik vezető gondolkodója volt.

Pauli gyorsan ismertté vált a kvantumtérelmélet alapvető és eredeti hozzájárulásával.

A kirekesztés elve (amely Nobel-díjat kapott) volt az alapja azoknak az elméleteknek, amelyek lehetővé tették a kísérletet a kvantumos összefonódás jelenségével.

Albert Einstein mindig is mély elismerését mutatta neki. Amikor jelen volt a Nobel-díj átadásán, a relativitáselmélet megalkotója "lelki fiamnak" nevezte.

A hosszú együttműködés miatt Jung és Pauli kidolgozták a 32. ábrán látható pszichofizikai diagramot.

Pauli és Jung pszichofizikai mdiagramja.

A grafikon bal és jobb oldalán a véletlenszerűség és a szinkronitás kiegyensúlyozott. Ily módon a newtoni fizika közötti együttműködést akarják jelölni. és a "pszichés szinkronitás" elve.

Az okozati összefüggés szerint minden esemény kapcsolódik egy okhoz, amely azt generálta. A szinkronitás viszont mindig abszolút nem összefüggő eseményekre utal.

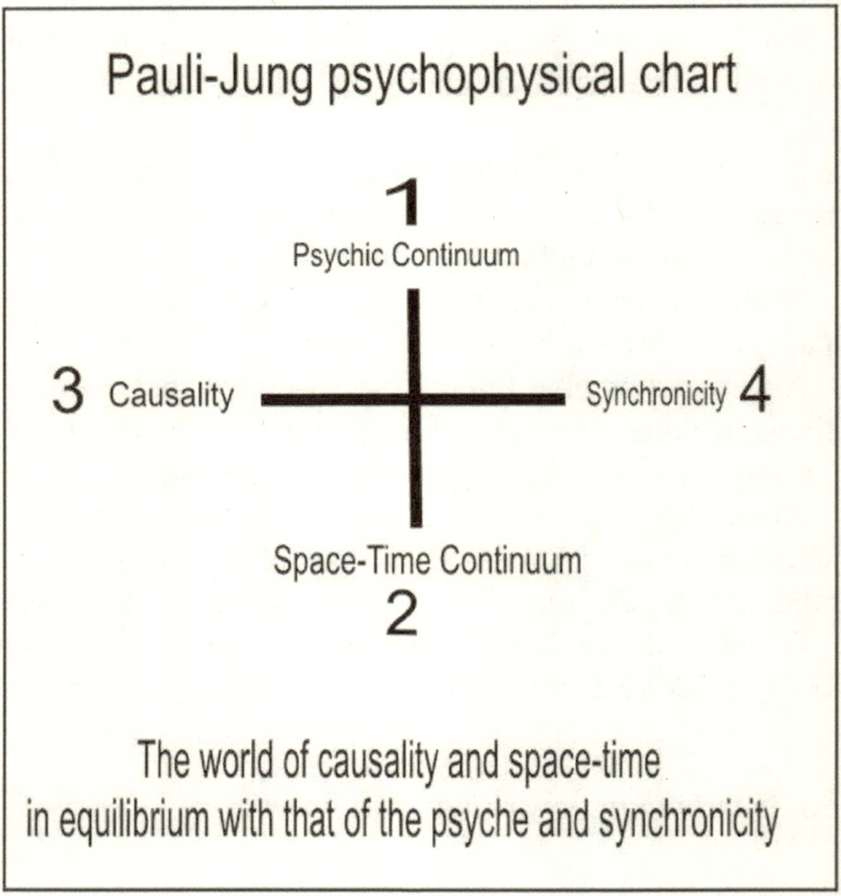

32. ábra Pszichofizikai diagram, amelyet Wolfgang Pauli és Carl Gustav Jung készített.

1-2 A két függőleges kar a psziché világát képviseli, egyensúlyban az anyag világával.

3-4 A grafikon bal és jobb oldalán egyensúlyban van a "véletlenszerűség" és a "szinkronitás".

A két függőleges kar a psziché, vagyis a nem lokális világát képviseli, amely egyensúlyba hozza magát a fizikával, amelyet a tér és az idő dimenziói irányítanak.

Ez a diagram megerősíti, hogy a valóság nemcsak anyagból, hanem anyagból és pszichéből áll. Az anyagnak és a pszichének szüksége van egymásra. Pszichés valóság nem létezhet, ha nem nyilvánulhat meg anyagi valóságban és fordítva.

"Quantum entanglement".

Az összes új felfedezés, különösen a kvantum összefonódása, általában egy "szubsztrát" létezését dokumentálja, amely összeköti az összes valóságot, amelyben élünk.

A kvantum összefonódásának szintézise pontosan ez: az egész univerzum összekapcsolódik egy olyan dimenzión keresztül, ahol a jelek és információk a tér és az idő korlátai nélkül közlekednek.

Az elemi részecskék szintjén ezt egyértelműen bizonyították. Az a következtetés, amelyet levonhatunk, hogy mivel az egész univerzum elemi részecskékből áll, az egész univerzum összekapcsolódik.

A valóságot a kvantummechanika szempontjából vizsgálva azt látjuk, hogy sok, korábban lehetetlennek gondolt jelenség valóban létezhet.

Telepátiáról, tisztánlátásról, telekinézisről és mindazokról a jelenségekről beszélünk, amelyek "furcsa egybeesések" néven ismertek. Ezek azok a jelentős egybeesések, amelyeket Carl Gustav Jung pszichológus, a fizikus és a Nobel-díjas Wolfgang Pauli együtt a "szinkronitás" nevével katalogizált.

Valaki szkeptikus lesz, azzal érvelve, hogy egy olyan tudományosan hibátlan elmélet, mint például a kvantumos összefonódás, nem lehet "piszkos", ha pszichés jelenségekkel társítja.

Ez azonban így van, és a két valóság abszolút összeegyeztethető.

A kvantumfizika kritériumaival értelmezett valóság felépítése és a pszichés jelenségek tulajdonságai fényévekre tűnhetnek. Ehelyett valóban lenyűgöző hasonlóságokkal és kompatibilitással rendelkeznek a funkciókkal.

Az összefonódás a kvantumelmélet számos kísérlettel igazolt tulajdonsága.

Albert Einstein a maga részéről nem fogadta el ezt az újdonságot, mert úgy vélte, hogy ellentétes a relativitáselméletével. Ezért Einstein kísérletet képzelt el a kvantumelméletek következetlenségének bemutatására.

Ez a jól ismert kísérlet, amelyet a három javaslatot tevő tudós (Einstein, Podolski, Rosen) nevéből EPR néven ismertek, gondolatkísérlet volt, pontatlanságoktól eltekintve. Mivel a technika az 1980-as években javult, a kísérletet gyakorlatilag sokszor elvégezték. A kísérlet minden egyes alkalommal megerősítette a "kvantum összefonódásának" elméletét. Így Einstein kételyei inkonzisztensnek bizonyultak.

Ahol a "kvantumos összefonódás" megszületik. Az elemi részecskék.

Az összefonódás olyan jelenség, amely az elemi részecskék szintjén fordul elő. Ennek megértésének első lépése annak tisztázása, hogy mi az elemi részecske.

A legismertebb részecskék kategóriájára, az elektronokra utalunk, amelyek a leptonok kategóriájába tartoznak. Mint ismert, az elektronok nagyon kicsi részecskék, negatív elektromos töltéssel.

Az elektronok az atom központi magja körül (protonokból és neutronokból állnak) keringenek. Ennek a magnak pozitív elektromos töltése van, az elektronoknak negatív elektromos töltése van.

Az elektron mozgása mágneses teret generál, és felelős az elektromos vezetőképességért és a hőért. De az a tulajdonság érdekel bennünket a legjobban, hogy az elektron, hogy reagáljon az energiájának és gyorsulásának változására, fotonokat bocsát ki.

A foton egy fénykvantum. A "mennyi" fogalmának magyarázatához vegyünk egy példát, és képzeljük el, hogy elmegyünk egy szupermarketbe sajtot vásárolni.

Kérhet 100 grammot, 200 vagy 300 grammot, vagy akár 150 grammot is. Az asszisztens levág néhány szeletet a mérlegre helyezve, majd azt mondja: "Van még 10 gramm, hagyjam?" Súly szerint fizet, és boldogan távozik az üzletből.

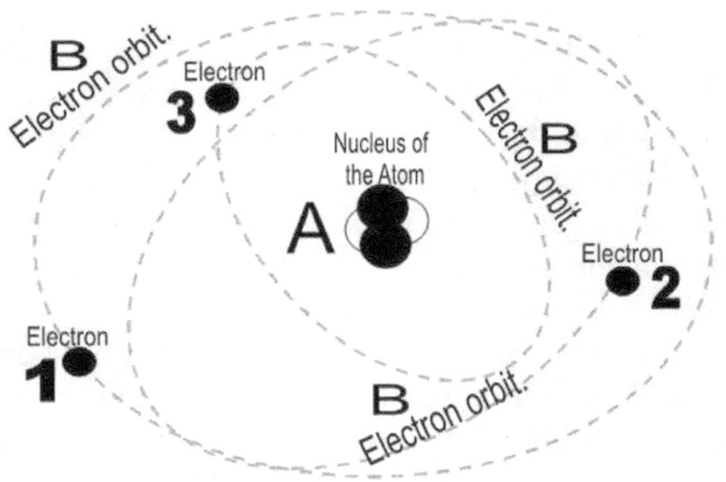

Exemghting an atom.
(nucleus, electrons, electron orbits).

The electron 1 (outermost) has an energy greater than 2 and 3, to remain in orbit around the nucleus.
Electron 2 has an energy greater than 3, but less than 1.
Electron 3 has less energy than 2 and 1

33. ábra: Az elektronnak elegendő energiája van ahhoz, hogy a mag körül forogjon. Minél inkább külső pályája van, vagyis minél messzebb van a magtól, annál nagyobb energiával rendelkezik.

A - Az atom magja.

B - Elektron kering

1 A legkülső pályán forgó elektronnak nagyobb az energiája, mint a 2. és 3. elektronnak, amelyek az atom magjához közelebb eső pályákon forognak.

2 A 2. elektron energiája magasabb, mint a 3. elektroné, azonban energiája alacsonyabb, mint az 1. elektroné.

Ha fotonokat vásárolni megy, ez nem így működik. A fotonnak megvan a saját súlya, amelyet nem "kilogrammnak" vagy "hektogramnak" neveznek, hanem "mennyinek". A foton egy "kvantum". Ez az egyetlen lehetséges intézkedés. Nincsenek félértéke a "mennyi"

Térjünk vissza az elektronunkhoz. Azt mondtuk, hogy fotonok kibocsátásával reagál energiájának változásaira.

Tehát célunk a következő:

- változtatni az elektron energiáját;
- kapjon fotont ebből az energiaváltozásból.
- ismételje meg a műveletet, mert két fotonra van szükségünk.

Az atomot sok elektron veszi körül, attól függően, hogy mely elem része.

Az elektronok a mag körül elrendezett pályákon forognak. Energiaszintjük ezeken a pályákon múlik. A magtól távolabbiaknak több energiájuk van, a maghoz közelebbinek kevesebb. (Lásd 33. ábra).

Rosszul fegyelmezett elektronok.

Olyan gyakran, olyan okokból, amelyeket senki sem tud, egy elektron úgy dönt, hogy megtöri ezt a harmóniát és megváltoztatja a pályát. Vagyis úgy dönt, hogy a legkülső pályáról a legbelső pályára ugrik.

Ebben az ugrásban azonban az atom szigorúan korlátozott: nem képes szabadon megtenni sem kis, sem fél, vagy hosszabb ugrást: pontosan egy "kvantumot" kell ugrania, mert a pályák kvantum sorrendben vannak elrendezve.

Ha elektronunk befelé ugrik, hogy közelebb kerüljön a maghoz, az új pályán már nincs szüksége a korábban birtokolt energiára, mert a legbelső pályák kevesebb energiát igényelnek.

Ezért az elektronnak fel kell adnia energiájának egy részét. Pontosabban: az elektronnak egy "kvantummal" egyenlő energiát kell felszabadítania.

Mi történik az elveszett energia "kvantumával"? Részecskévé válik, vagyis "foton". Mint már említettük, a foton pontosan a fény "kvantuma".

Az elektron pontosan képes "kvantumot" ugrani, se többet, se kevesebbet. Ez nagyon furcsa jelenséghez vezet. Soha nem talál olyan elektront, amely "a levegőben szuszpendálódik" az egyik és a másik pálya között, vagyis köztes helyzetben.

Az elektron minden átmenet nélkül, azonnal át fog változni a pályán. Nincs hely az átkelésre. Nincs idő ugrani. Most itt van az elektron, de most már egy másik helyen van, és most új foton van. (Lásd a 34. ábrát).

Jelentős előrelépést tettünk, de szükségünk van egy másikra, egy nagyon apróra. Annak értékeléséhez, hogy mi az összefonódás, legalább két fotonra van szükségünk, mert az összefonódás pontosan két részecske vagy kettőnél több kapcsolatában áll.

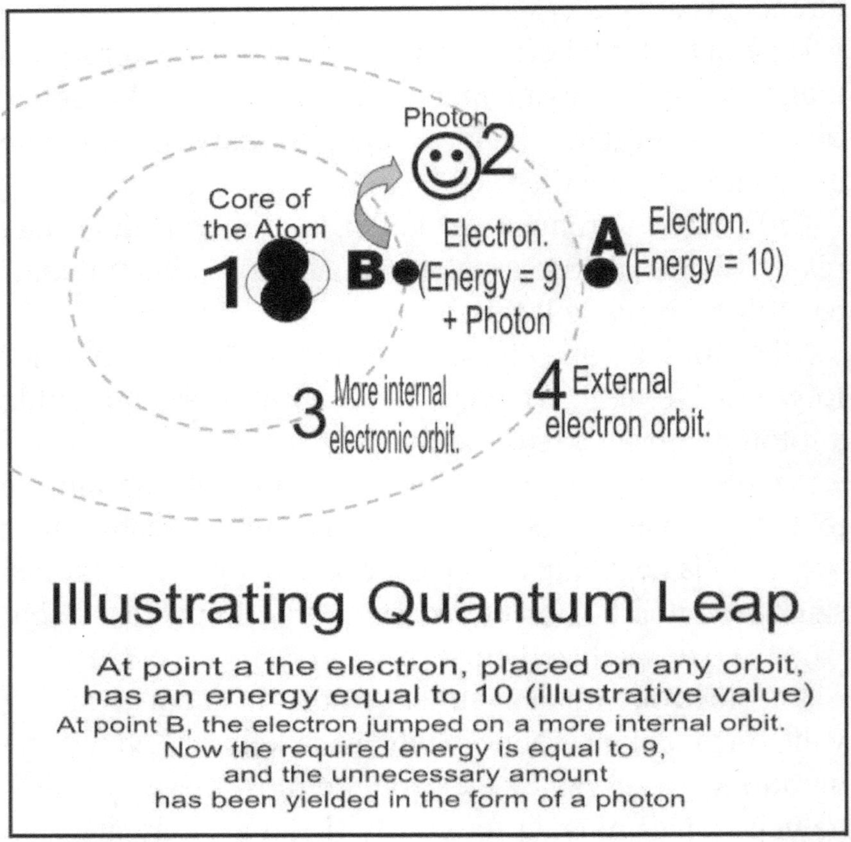

34. ábra: Kvantumugrás. Az elektron, amely a maghoz közelebb eső pályára ugrik, elveszíti az energiát, és foton formájában felszabadítja.

1- Az atom magja.

A) - A 4. pályán elhelyezkedő elektron. Képzeljük el, hogy energiája egyenlő 10-vel.

B) - Az A elektron a 3. pályára ugrik, ami inkább belső. Ily módon felszabadítja az energia "kvantumát". A felszabadult energia fotonná alakul át.

A kvantum összefonódik két "iker" foton között.

A „kvantum összefonódása" két „iker" foton, vagyis két foton között keletkezik, amelyek ugyanazon eseményből származnak.

Nagyon hosszú nézeteltérés merült fel azok között, akik hittek a kvantumugrás által kibocsátott fotonok közötti különleges kapcsolatok létezésében, és azok között, akik ehelyett szkeptikusak voltak.

A szkeptikusok között volt Einstein is, aki két másik tudóssal (Podolski és Rosen) együtt 1935-ben gondolatkísérletet dolgozott ki a kvantummechanika által megjósolt elméletek lehetetlenségének bemutatására. (EPR kísérlet)

Einstein a részecskék kvantumszintű viselkedését "szörnyű távolsági cselekedeteknek" nevezte, és határozottan tagadta őket.

A gondolatkísérlet olyan kísérlet, amelyet nem a gyakorlatban hajtanak végre, hanem csak elképzelnek. Ezért az eredmények elméleti jellegűek és nem ellenőrizhetők.

Gondolatkísérleteket akkor alkalmaznak, amikor a gyakorlatban ezek végrehajtására nincsenek technikai eszközök, vagy ha a gazdasági eszközök nem állnak rendelkezésre.

Csaknem harminc évvel később John Stewart Bell "Az Einstein-Podolsky-Rosen paradoxonról" című cikkében támogatta Einstein ötleteit.

Bell rámutatott, hogy a kvantummechanika nem lokális jellege összeegyeztethetetlen a fizikai valósággal. Arra a következtetésre jutott, hogy ha úgy tűnik, hogy ez megtörténik, akkor azért, mert a tanulmányok nem voltak teljesek.

Bell azzal érvelt, hogy bizonyosan hiányoztak a számítási elemek, mert az összefonódásnak lehetetlen rendelkeznie a vele tulajdonított tulajdonságokkal.

Bell cikke azonban nyitva hagyta az ellenőrzés lehetőségét, mert új kísérletet javasolt, az EPR kísérlet egyszerűsített változatát, amelyet a fotonok polarizációjának mérésével lehet végrehajtani.

Lehet, hogy Bell erre nem számított, de valaki szót fogadott, és a javasolt kísérleteket elvégezték. Az 1980-as évek óta sokan megismétlődtek.

Mindezek a kísérletek bizonyítékot szolgáltatnak arra, hogy kvantum szinten a klasszikus fizika lokalizmusa már nem érvényes, és a nem lokális tulajdonságok átveszik a hatalmat. Az összefonódások jellemzőire vonatkozó előrejelzéseket a laboratórium megerősítette.

A kísérletet Alain Aspect végezte.

Alain Aspect volt az első, aki felvette Bell kihívását, és elvégezte azt a kísérletet, amely megerősítette a "kusza" részecskék "nem lokalitását".

A dolgok nem úgy mentek, ahogy Einstein és Bell gondolták. 1982-ben az Aspect közzétette eredményeit, amelyek végérvényesen megállapították, hogy a kvantum valóságot hogyan irányítja a nem lokalitás.

Az Aspect kísérlete abból állt, hogy egy atomot stimulált, így két, különböző irányba irányított fotont bocsátott ki. A fotonok forrásaként kalciumatom-nyalábot használt. Az atomokat egy lézer gerjesztette, amely az egyes atomok elektronját két pálya befelé ugrására kényszerítette.

Amikor az elektron csökkentette a szükséges energiát, amikor két magassággal közeledett a maghoz, egy fotonpárt, azaz két fénykvantust bocsátott ki.

Ezeket az azonos kvantumugrásból, azaz ugyanabból az elektronból született fotonokat "korrelált fotonoknak" nevezzük. Két ikernek tekinthetjük őket, akik ugyanattól az anyától születtek együtt.

Ez a két ikerfoton a nem lokalitás azon jellemzőinek megfelelően viselkedik, amelyekről az előző fejezetekben beszéltünk, és megerősíti a kvantumszint nem lokalitását.

A nem lokalitás azt jelenti, hogy ezen a szinten sem az idő, sem a tér már nem létezik: az energia és az információ nem halad előre meghatározott sebességgel, legfeljebb a fényével.

Valóban, egyáltalán nem utaznak: egyszerre vannak itt és ott, egyszerre. Örök "most" -ban élnek, mert nem helyi szinten nincs előtte és utána.

Ezek a csodálatos tulajdonságok világossá teszik, hogy az úgynevezett "kvantum-összefonódás" elmélet miért nézett szembe annyi nehézséggel a megalapozás érdekében.

Ma, mintegy negyven év elteltével, Alain Aspect kísérletét számtalan módon és alkalommal megismételték. Nemcsak két, három vagy több részecske, hanem nemrégiben milliónyi részecske közötti "összefonódás" jött létre.

A kvantum összefonódásának alapelve.

Ha két együtt létrehozott fotont figyelünk meg, akkor észrevesszük, hogy titokzatos köteléket tartanak fenn közöttük, mintha két emberi iker lennének. De nem egészen úgy, mint két emberi iker: sokkal több.

A fizika szabályai szerint minden fotonnak lehet értéke, amelyet "spinnek" neveznek. Matematikai szinten a foton "spinjének" értéke megegyezik az 1 felével, és lehet pozitív (+1/2) vagy negatív (-1/2).

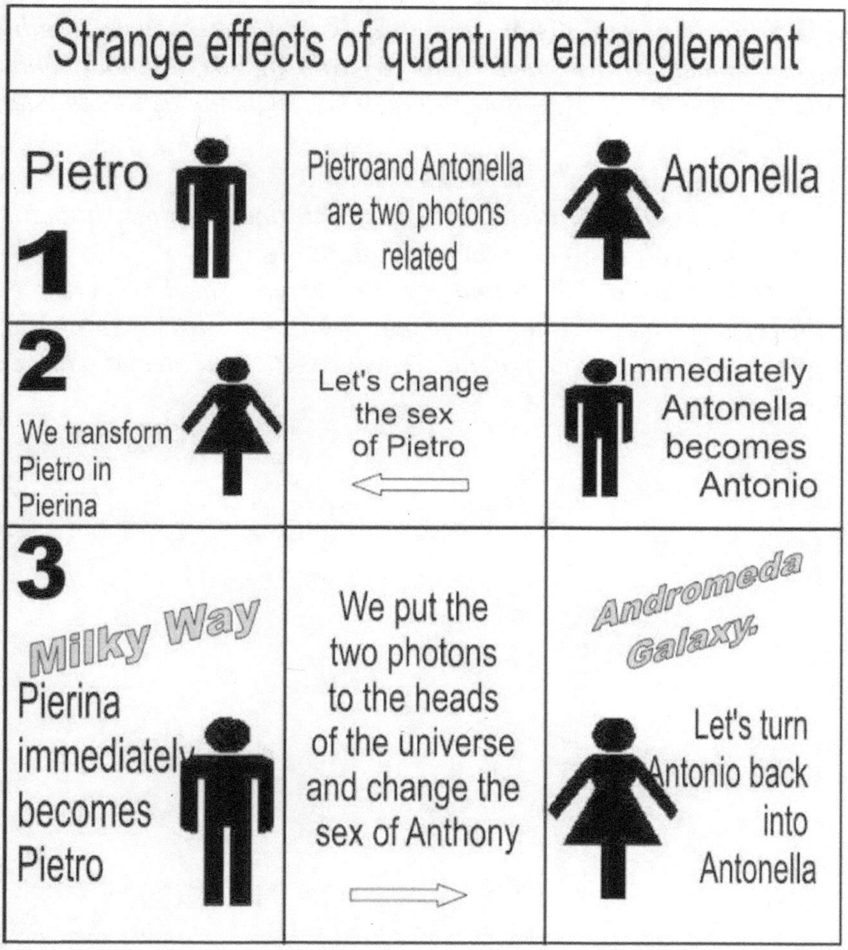
Strange effects of quantum entanglement
Pietro
1
Pietroand Antonella are two photons related
Antonella
2
We transform Pietro in Pierina
Let's change the sex of Pietro
Immediately Antonella becomes Antonio
3
Milky Way
Pierina immediately becomes Pietro
We put the two photons to the heads of the universe and change the sex of Anthony
Andromeda Galaxy
Let's turn Antonio back into Antonella

35. ábra. Két rokon foton, még ha hatalmas távolságok választják is el egymástól, továbbra is úgy viselkednek, mintha egyek lennének. Ez megerősíti a valóság összefonódásának nevezett nem lokalitását, amelyre nem vonatkoznak az idő és a tér szabályai.

1 Pietro és Antonella két "rokon" foton.

2 Változtassuk meg Pietro nemét, aki Pierinává válik. Antonella azonnal megváltoztatja a nemét és Antonio lesz.

3 Helyezzük a két fotont az univerzum túlsó végébe, és változtassuk meg Antonio nemét. Antonio lesz Antonella. Ugyanakkor az univerzum másik végén Pierina nemet vált és Pietro lesz.

Ezek ellentétes értékek. Hogy jobban megértsük egymást, példákat hozunk azzal, hogy elképzeljük, hogy a két fotont Peternek és Antoinette-nek hívják, vagyis az egyik férfi nemi, a másik nő.

Miután létrejött, a két foton két ellentétes irányban távozik, mindegyik önmagában. Egyelőre az egyetlen kötés, amelyet a két fotonnak tulajdonítunk, az, hogy ugyanazon apa (vagy anya, ha úgy tetszik) elektronból születtek. Tehát állítólag "rokonok".

Mi történik, ha arra késztetjük Pietrót, hogy nemet váltson úgy, hogy Pierinává váljon?

Antonietta azonnal megváltoztatja a nemét és Antonio lesz!

Gondolhatja: Elemi, Antonietta nagyon közel állt Pietro-hoz, ezért észrevette, és a sokkra reagálva megváltoztatta a nemét is.

De ha megismételjük a kísérletet, amelyben Pierinát itt tartjuk, és az embert Antonio a világ másik oldalára költöztetjük, ugyanez történik.

Ezután egy megfigyelő kifogást emelhet:

- Ha azonban Antonio a világ másik oldalán volt, akkor csak egy bizonyos idő után veszi észre a változást.

Téves. Antonio Pierinával egyidejűleg vált nemet. Nincs késés. Nem számít, milyen távolságban helyezkednek el az univerzumban. (Lásd: 35. ábra).

Az összefonódott fotonok hűtlensége.

Képzeljük el, hogy Pietro üzleti útra indul. Egyedül hagyja otthon Antoniettát. Útja során találkozik Luiginával, aki egy másik pár része. Valójában Luigina "kusza" Marco-val.

Ahogy történik, ugyanabban a pillanatban Marco is nagyon messze van Luiginától. (Lásd a 36. ábrát). Ez lesz a szimpátia, ez lesz a távolság, Pietro és Luigina "összefonódnak" egymással.

Gondolod, hogy Antonella és Marco árulásban szenved, és haragudni fog a féltékenységre? Egyáltalán nem. Antonella azonnal "összefonódik" Marco-val, annak ellenére, hogy még soha életében nem látta.

Tehát, ha megváltoztatjuk Antonella nemét azzal, hogy Antonióvá válunk, Marco is Marcella lesz, Pietro Pierina, Luigina pedig Luigi.

Bonyolult? Valószínűleg igen, de a részecskék között így működnek a dolgok.

Szerencsére ön azt mondja, hogy csak a két rokon részecske között történik. Természetesen, de valójában az univerzum összes részecskéje kapcsolatban áll egymással, mivel mindegyik ugyanabból az ősrobbanásból származik.

Ezért a nem lokális univerzumban minden egy, semmi sem független. Mindannyian kapcsolatban vagyunk az egész univerzummal. Nem helyi szinten nincsenek ismereti és időbeli korlátok. A nem lokálisban az univerzum összes tudása egyszerre elérhető.

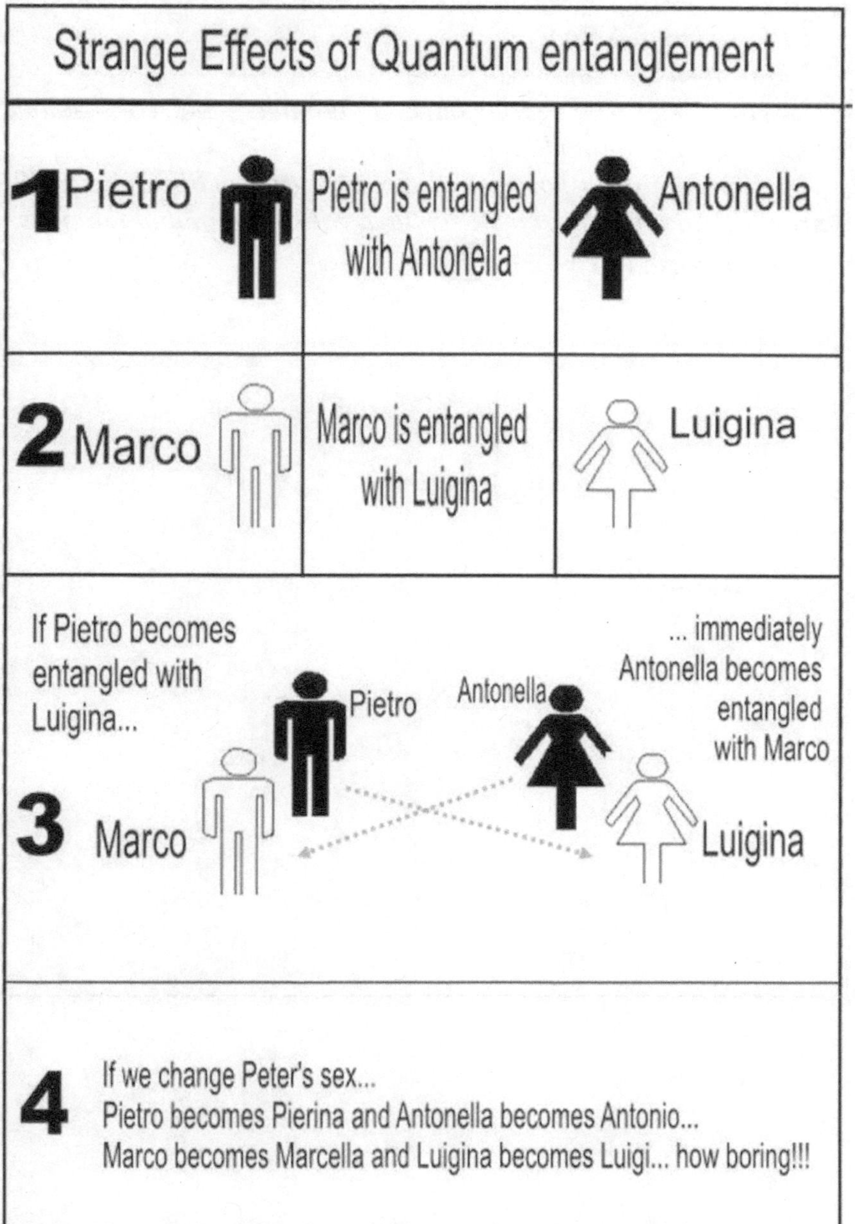
Strange Effects of Quantum entanglement
1
Pietro
Pietro is entangled with Antonella
Antonella
2
Marco
Marco is entangled with Luigina
Luigina
3
If Pietro becomes entangled with Luigina...
Pietro
Antonella
... immediately Antonella becomes entangled with Marco
Marco
Luigina
4
If we change Peter's sex...
Pietro becomes Pierina and Antonella becomes Antonio...
Marco becomes Marcella and Luigina becomes Luigi... how boring!!!

36. ábra: Az összefonódás furcsa hatásai.

1 Pietro kusza Antonellával

2 Marco kusza Luiginával.

3 Ha Péter belegabalyodik Luiginába, Marco azonnal belegabalyodik Antonellába.

4 Ha megváltoztatjuk Pietro nemét ... Pietro Pierinává válik, Anronella Antonio, Marco Marcellává válik. Luiginából Luigi lesz.

Minden tiszta?

Elmerülünk ebben az egyetemes tudásban, és részesei vagyunk. Nem ritka, hogy e tudás egyes morzsái a "nem helyi" dimenzióból a tudatos elménkbe csúsznak.
Sokak által feltett kérdés: ezek a részecskék, amelyek "nemet változtatnak", okoznak-e reakciót az univerzumban? Határozottan nem.
Amit például egy nemváltásként javasoltunk, az valójában a pörgés változása, vagyis a forgásirány inverziója.
Bármely irányban is forognak a részecskék, semmilyen értelmes hatást nem gyakorolnak az univerzum működésére, mindaddig, amíg tovább forognak.
A kényelem érdekében létrehoztunk néhány egyezményt. Következésképpen a dolgoknak bizonyos értelemben meg kell fordulniuk, csak azért, mert megszoktuk látni, hogy így fordulnak. Képzeljünk el egy szakácsot, aki jobbról balra fordítja a majonézt, vagy egy másik szakácsról, aki balról jobbra forgatja. Gondolod, hogy valami megváltozik a végeredményben?
Ha hirtelen a kormány úgy dönt, hogy az óramutatóknak az óramutató járásával ellentétes irányba kell fordulniuk, akkor az idő másképp halad?

A "kvantumos összefonódás" következményei.

A kvantum összefonódása mind ott van, de nézzük meg, mi a következménye. Az első az, hogy a hagyományos fizika legfontosabb hiedelmei felszámolódnak.

1 - A "kvantum összefonódása" tagadja a determinizmust

A "kvantum összefonódása" tagadja a determinizmust, vagyis az univerzum mechanikus működését.
Az ok-okozati viszony, amely a klasszikus fizika egyik alapvető tulajdonsága, kijelenti, hogy az információkat két test közötti utazáshoz fizikai közeggel kell szállítani.
Ezenkívül az üzenet sebessége soha nem haladja meg a fénysebességet, amely másodpercenként 300 000 kilométer.
De a "kvantumos összefonódásban" nincsenek vezetékek, amelyek összekötnék Pietrót és Antonellát. Továbbá ugyanabban a pillanatban történnek, vagyis az információ sokkal gyorsabban halad, mint a fény.

2 - A kvantum összefonódása felszámolja az idő nyilát

Idő töredékének kell eltelnie egy cselekvés és a válasza között, méghozzá minimális időre, mert először a tények következnek be, majd a következmények következnek be. De Antonella válaszai Pietróra (vagy fordítva) nem vesznek el időt, ugyanabban a pillanatban történnek.

3 - A "nem lokalitásban" nincs tér és idő

Az elemi részecskék olyan dimenzióban élnek, amelyben az idő és a tér nem létezik: a téren és az időn túl is összefonódnak egymással.

Hogyan lehetséges ez? Hogyan veszik észre Antonella és Pietro a másik részecskében bekövetkezett változást, honnan származik és hogyan alakul ki ez az ismeret?
Az egyik válasz azt jósolja, hogy a kettő csak megjelenésében válik el egymástól, de továbbra is egyek, ahogyan az őket generáló elektronban voltak.
Vagy annak ellenére, hogy el vannak választva, egyetlen nagy univerzális Elme egyesíti őket, hogy úgy kommunikálhassanak, mintha továbbra is egyesülnének abban az elektronban, amelyből születtek. Nincs két külön "tudatuk", de ugyanannak a "tudatnak" a részei. A nem lokális szint az univerzum nagyszerű, egyetlen elméje.

The three levels of reality or cosmology of reality.		
1	**2**	**3**
Physical level or physical cosmos.	Quantum level or quantistic cosmos.	Non-local level or psychic cosmos

Level of things subject to the rules of time and space.	Middle Earth. Things subject to non-locality rules.	Level of pure psyche not subject to the rules of time and space.

37. ábra: A valóság három szintje. Az összefonódás kísérleti eredményeire hivatkozva bizonyossággal megerősíthetjük a valóság három szintjének létezését. E szintek közül néhány évtizeddel ezelőttig csak az elsőt ismertük.

1 A fizikai szint, vagy "anyagból készült univerzum".

Ennek a szintnek meg kell felelnie a newtoni fizika törvényeinek.

2 A szubatomi részecskék kvantumszintje. (Középvilág). Az anyag elemi részecskéi nem engedelmeskednek a newtoni fizika törvényeinek.

3 A „kvantum nem lokalitás" szintje. Ez a szint tisztán pszichés, és nem engedelmeskedik az anyag egyetlen törvényének sem.

Hatodik rész. Az extraszenzoros képességek.

"Science cannot solve the ultimate mystery of nature. And that is because, in the last analysis, we ourselves are a part of the mystery that we are trying to solve."
(Max Planck, initiator of quantum physics)

„A tudomány nem képes megoldani a természet legmélyebb rejtélyét.
És ez azért van, mert végső soron mi magunk is részesei vagyunk a rejtélynek amit megpróbálunk megoldani. "
(Max Planck, a kvantumfizika kezdeményezője)

Az extraszenzoros észlelésekről szólva főleg három kérdést tehetünk fel:
- Valóban léteznek?
- Hogyan fordulnak elő?
- Pontosan mik ők?

Ha figyelembe vesszük mindazt, amit eddig elmondtunk, az első két kérdésről már nem sok mondanivaló van. Nyilvánvaló, hogy az extraszenzoros felfogás valóban létezik. Az egyéni lelkiismeret és a nem helyi szint közötti kommunikáció epizódjaiként fordulnak elő.

A hatodik és hetedik érzék.

Arisztotelész kora óta mindig azt mondták nekünk, hogy az emberi testnek öt érzéke van: látás, hallás, érintés, íz, szaglás. Ezek az érzékszervek lehetővé teszik számunkra, hogy fizikai kapcsolatban álljunk a környező világgal, hogy hasznos információkat szerezzünk a túléléshez.

A népi bölcsességben ott van a "hatodik érzék" is. A hatodik érzéknek nincs szüksége fizikai közvetítőkre (kéz, nyelv, szem stb.) A feladatának elvégzéséhez. Azonban nagyon jól csinálja. Az intuícióról szól.

38. ábra: Carl Gustav Jung megfogalmazta az archetípusok és a kollektív tudattalan elméletét.

Az intuíció az a rengeteg tudás, amelyet az élettapasztalatunk során felhalmoztunk, és ez elég gyakran sugallja nekünk, hogy miben bízhatunk és miben nem. lehetővé teszi, hogy eldöntse, mit kell tennie és mit nem. Végső soron segít megérteni, hogyan lehet a lehető legkevesebbet kockáztatni bizonytalan helyzetekkel szemben.

Minél nagyobb a tapasztalatunk, annál inkább működik az intuíció.

Ezért az intuíció készségnek tekinthető

extraszenzoros, mert semmilyen fizikai szerv nem közvetíti. Két jó okból azonban nem ez a helyzet.

Az első az, hogy nem ad ismeretlen és külső tudást ismereteinkhez. Egyszerűbben, átdolgozza a már rendelkezésünkre álló információkat. A második ok az, hogy az intuíció áthalad az agyunkon, amelynek megvan a maga fizikai konzisztenciája.

Ezért a hatodik érzék racionálisan működik az ismert adatokon.

Ehelyett a "hetedik érzék" működik a tudatunkban. A hetedik érzék teljesen irracionális és kiszámíthatatlan módon dolgozza fel az információt. Ez olyan információ, amely még az agyunkon sem lépett át. Vagyis a hetedik érzék mindennapi életünktől és tapasztalatainktól teljesen idegen valóságokkal vezet be bennünket.

Kozmológia.

A "kozmosz" kifejezés a filozófiában rendezett vagy harmonikus rendszert jelent. A szó eredete a görög kósmos, ami rendet jelent. A tudományos nyelvben a kozmoszt az univerzum szinonimájának tekintik.

A kozmológia tanulmányozza az univerzumot rendezett egészként felfogott anyagszerkezetet és törvényeket. A filozófusok a világegyetemet tér, idő és anyag vonatkozásában tanulmányozzák.

A kozmológia történelmi eredetét a vallásos elbeszélések adják, amelyek minden dolog eredetével foglalkoznak, és a nagy, modern előtti filozófiai-tudományos rendszerekben, például a ptolemaioszi rendszerben.

A modern csillagászati kozmológia viszont az a tudomány, amely az univerzum egészét, eredetét és evolúcióját kutatja. Ebben az értelemben szorosan kapcsolódik a filozófiai kozmológiához, de hajlamos számos metafizikai vagy vallási elmélet helyesbítésére a világ eredetéről.

A kozmológia jelenleg olyan fizikai tudomány, amelyben különböző tudományterületek közelednek egymáshoz, például a csillagászat, az asztrofizika, a részecskefizika és az általános relativitáselmélet.

Ebben a könyvben a kozmoszról beszélünk azáltal, hogy ebben a kifejezésben összefogjuk az összes valóság halmazát:

- a látható univerzum (fizikai kozmosz)
- az elemi részecskék szintje (kvantum kozmosz)
- a nem lokalitás szintje (pszichés kozmosz).

Az extraszenzoros érzékelés meghatározása.

A hetedik értelem jól meghatározhat néhány olyan tulajdonságot, amelyet tudományosan extrasenzoros észlelésként vagy ESP-ként (Extra Sensory Perception rövidítve) ismerünk. Ezek:

- Előzetes tudás, vagy a jövő megjóslásának képessége.
- Tisztánlátás, vagy képesség olyan dolgok vizuális érzékelésére, amelyek általában nem láthatók.
- Telepátia, vagy a gondolat közvetítésével való kommunikáció képessége.

Az extraszenzoros érzékelés vizsgálati területét általában parapszichológiának nevezik.
Ezeket a képességeket gyakran "kívülről született és az elmébe jutó információnak" tekintik.
Az ESP egy másik fajtáját, a telekinézist "az elmében felmerülő és kifelé irányuló információnak" tekintik.
Valójában a telekinézis abban áll, hogy képes az anyagot az elme erejével befolyásolni, és fizikai jelenségekkel fejezi ki, a lebegéstől a bilokáción át a fémtárgyak hajlításáig, a teleportációig, az időutazásig.
Ami a korábbi ismereteket, a tisztánlátást és a telepátiát illeti. Számos tanulmány készült, különösen a 19. és 20. században, annak igazolására, hogy azok megfelelnek a valóságnak. A kísérleti igazolás legnépszerűbb módszere az úgynevezett "Ganzfeld-kísérlet" volt.

A "ganzfeld" kísérlet.

A "Ganzfeld" német kifejezés, amely "egységes mezőt" jelent. Ezt a kifejezést 1930-ban találta ki Wolfgang Metzer német orvospszichológus, a berlini Gestalt Iskola egyik alapítója. Kísérleti módszerekkel felépített érzékelési mezőt jelöl, amely megteremti az optimális feltételeket az extraszenzoros észlelések tanulmányozásához.

Az egyik ganzfeld-kísérlet során a vizsgálandó alanynak fülhallgatója van. Ezenkívül a ping-pong játékában használt fél labda eltakarja minden szemet. Fehér zaj jön ki a fejhallgatóból. Az intenzív vörös fényt az arc elé helyezik, amely átszűrődik a pingponglabdákon. Ily módon el akarjuk zárni az esetleges külső zavarást.

Ebben az állapotban eltöltött bizonyos idő elteltével kísérletet teszünk arra, hogy képeket továbbítsunk az alanynak egy szenzoros csatornával, például telepátián keresztül.

Míg egy másik helyen tartózkodó személy az átadandó képre összpontosít, a befogadó személy leírja, mit lát az elméjében.

Az átviteli kísérlet végén az igazgató négy képet mutat a témának. Az alanynak ki kell választania a képet, amely leginkább hasonlít a fogadott képhez. (Lásd 39. ábra).

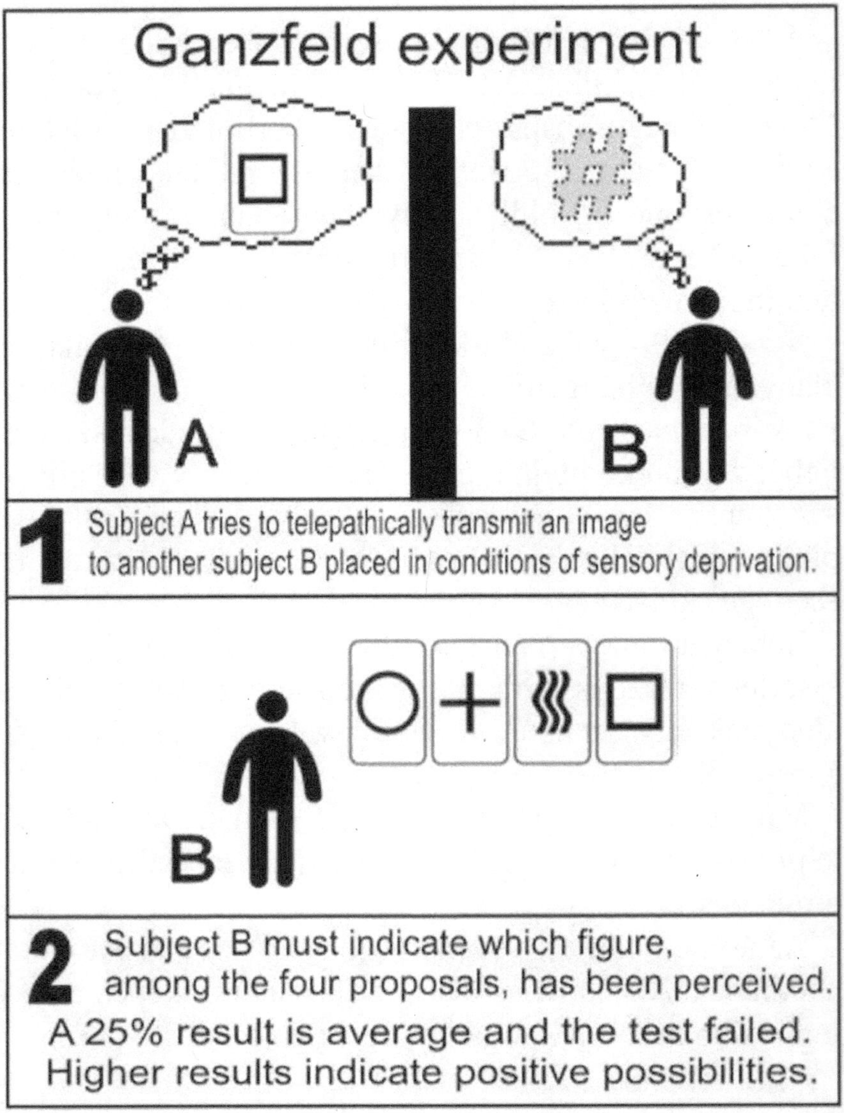
Ganzfeld experiment
A
B
1 Subject A tries to telepathically transmit an image
to another subject B placed in conditions of sensory deprivation.
B
2 Subject B must indicate which figure,
among the four proposals, has been perceived.
A 25% result is average and the test failed.
Higher results indicate positive possibilities.

39. ábra: Egy tipikus ganzfeld-kísérlet végrehajtásának mechanizmusa.

1- A önkéntes megpróbál telepatikusan továbbítani egy képet B önkéntesnek. A két önkéntest különböző helyiségekben helyezik el. Négy kép áll rendelkezésre.

2 - B önkéntesnek jeleznie kell, hogy melyik képet érzékelte. Az átlagos eredménynek 25% -nak kell lennie. A teszt csak akkor sikeres, ha az eredmény meghaladja a 25% -ot.

Ezekben az esetekben a statisztikai sikerességi arány 25% lenne (minden negyedik). Ezért, ha a címzett az esetek 25% -ában kitalálja a képet, az eredmény megegyezik a statisztikai átlaggal, és a kísérlet nem sikerült.

A CICAP (az áltudományi állítások ellenőrzésével foglalkozó olasz bizottság) e kísérletek tekintetében a saját honlapján azt írja:

"In the first ganzfeld experiments the success rate was 33-34%. We then found ourselves faced with a statistical anomaly which, according to some, proves the existence of non-normal channels of information communication"

„Az első ganzfeld-kísérletekben a siker aránya 33-34% volt. Ezért olyan statisztikai anomáliával kellett szembenéznünk, amely egyesek szerint nem "normális" információs kommunikációs csatornák létezését bizonyítja. ".

1994-ben Bern és Honorton cikket tett közzé „Létezik-e extraszenzoros érzékelés? Megismételhető teszt egy abnormális információátviteli folyamatról ".

Ezeket a következtetéseket később más tudósok széles körben kritizálták.

Valójában minden, a pszichikai területet érintő kísérletben mindig felmerül az ismételhetőség problémája. Ez attól függ, hogy az emocionalitás döntően játssza-e a szerepét, ahogy azt már a 9. fejezetben láthattuk.

A nem helyiekkel való bármilyen érintkezést előnyben részesítik bizonyos stresszes körülmények vagy az élet kritikus pillanatai. Tudjuk, hogy a telepátia jelenségei abszolút gyakrabban fordulnak elő azoknál az embereknél, akiket erős baráti vagy rokoni kötelék köt össze, és eléri a csúcspontot az anyák és a gyermekek között.

Ehelyett a kísérletekben gyakran ismeretlen embereket arra kérnek, hogy "hidegen" osszák meg azokat a képeket, amelyek általában nem rendelkeznek érzelmi jelentéssel.

Egy másik probléma a megszokásból és a függőségből származik. Azok az emberek, akik folyamatosan ismétlik ugyanazt a kísérletet, egyre kevésbé érzik magukat érintettnek. Vagyis az emberek a végén engednek az unalomnak.

Telepátia.

A telepátia, más néven gondolatátvitel, az a képesség, hogy az elmével kommunikáljunk olyan eszközök vagy eszközök használata nélkül, amelyek fizikai kapcsolatot hoznak létre az érintett emberek között. A kifejezés két görög szóból származik. Az első a "tele", ami távoli. A második a "patheia", ami érzést, érzékelést jelent.

A telepátia alapvetően arról szól, hogy két fizikailag különálló ember kapcsolatba kerülhet egymással. Ez a távolságtól és a körülményektől függetlenül megtörténik.

Az érzelmek és érzések távolról való megosztásának képességét erősen vitatja a materialista tudomány. Valójában a telepátia ellentmond annak a feltételezésnek, hogy az agyon kívül semmi sem létezik: a gondolatok, érzelmek, vágyak és minden pszichés a koponyában születnek, és ugyanott halnak meg.

A materialista tudomány szerint nincsenek olyan "gondolatok", amelyek képesek egyik agyból a másikba repkedni. A telepátia minden tapasztalata a legjóindulatúbb esetben illúziónak minősül. Ha valaki telepátia epizódjainak szemtanúja, gyakran skizoid személyiségzavar áldozatának tekintik.

Ennek ellenére sokan azt állítják, hogy telepatikus élményeik voltak. Az Egyesült Államokban vagy az Egyesült Királyságban végzett különféle felmérésekben a válaszadók 40-60%-a nyilatkozott úgy, hogy volt személyes telepatikus élménye.

Úgy tűnik, hogy a telepátiának két típusa van. Az első típus az, ami fizikailag közel álló emberek között történik, akik ismerik egymást és már kölcsönhatásba lépnek egymással. Ez az a klasszikus eset, amikor az egyik azt mondja a másiknak, hogy "Olvasd a gondolataimat", ami azt jelenti, hogy szándékát tökéletesen megértették és megfejtették.

A második eset két, fizikailag távol lévő személyhez kapcsolódik. Ez akkor fordul elő, amikor az egyik meghallja a másik "hívását". Ez a felhívás lehet őket összekötő gondolat, vagy annak képe. Néha a hívás a hívó fél hangjának hallatán történik. Ez többnyire olyan emberek között történik, akik szoros kapcsolatban állnak egymással, különösen akkor, ha szükség vagy veszély körülményei vannak.

Joseph Rhine kísérletei.

A telepátia klasszikus kísérleteit rajzokon keresztül hajtják végre. Egy elszigetelt szobában elhelyezett személy kiválaszt egy tárgyat, és vázlatot készít róla. Majd arra koncentrál, hogy az előállított figurát átadja a fogadó személynek, egy másik helyiségbe helyezve.

Ez a második személy megpróbálja befogadni és megismételni azt a figurát, amelyet átvittek neki. A végén a képeket összehasonlítják, hogy azonosítsák az összes közös szempontot.

A telepátiával kapcsolatos első tanulmányokat a British Society for Psychical Research végezte az 1800-as évek végén.

1930-ban létrehozták az első parapszichológiai laboratóriumot a durhami Duke Egyetemen, amelyben Zener-kártyákkal végzett kísérleteket a jól ismert Joseph Rhine.

Rhine volt az első, aki kísérleti és statisztikai módszereket alkalmazott az elme-elmék közötti átvitel vagy a telepátia létezésének kutatásában, amelyet ő extraszenzoros észlelésnek nevezett. Minden bizonnyal a parapszichológia egyik úttörője.

A Zener kártyák egy speciális kártyatípus, amelyet Karl Zener pszichológus tervezett, és Joseph Rhine használja kísérletei során.

A pakli 25 téglalap alakú kártyából áll, mint a szokásos játékkártyák. Öt csoportra osztják őket, amelyeken egy jel van: a kör, a kereszt, a négyzet, a csillag és a hullám. A pakli 5 egyenlő csoportot tartalmaz. (Lásd a 40. ábrát).

Joseph Rhine kísérlete két emberen alapult. Az egyik megkérte a másikat, hogy találja ki a kártyát, amelyet a pakliból húz. A prekogníciós kísérletekben egyikük sem ismerte a kártyát, amely a hátán maradt

Ehelyett a telepátiás kísérletekben az alanyok közül az első látta, hogy melyik kártya az, és megpróbálta mentálisan továbbadni a másik személynek.

Természetesen a két ember különböző helyiségekben volt elhelyezve.

Egy statisztikai hipotézis és a nagy számok törvénye szerint annak az esélye, hogy kitalál egy kártyát a pakliban, körülbelül 20% (1 az 5-höz) kell, hogy legyen).

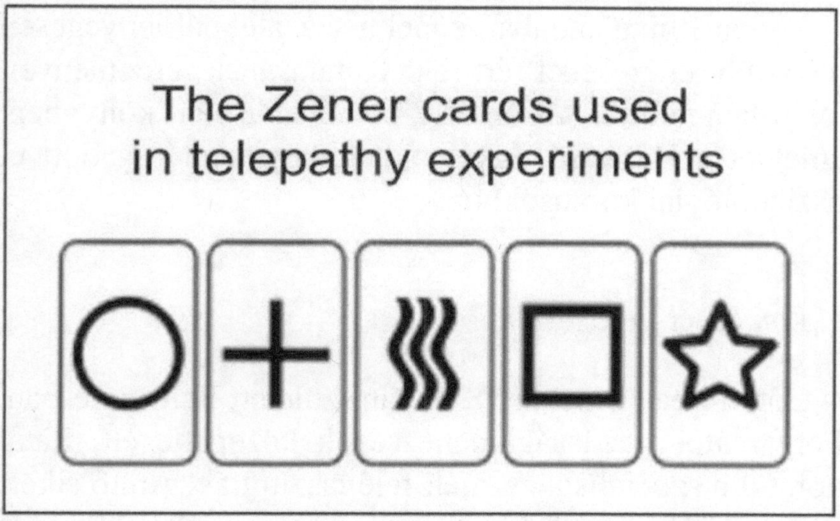

40. ábra: Zener-kártyák, számos parapszichológiai kísérletben használtak. Ez egy öt szimbólumból álló sorozat, amely ötször ismétlődik, összesen 25 kártyát.

Joseph Rhine azonban ennél a százaléknál lényegesen nagyobb eltéréseket ért el. Kutatásának eredményeit 1940-ben publikálták az ESP-60 néven ismert könyvben, amelyet a Harward Egyetem tankönyvként fogadott el pszichológiai kurzusokhoz.

Upton Sinclair kísérletei.

Upton Beall Sinclair 1878-ban született Baltimore-ban. Folyamatos gazdasági nehézségek közepette élt, fiatal korától a szocialista eszmék felé taszították. Átütő sikert aratott a "The Jungle" című regényével, amely a chicagói állatpiacon dolgozó munkások botrányos helyzetéről szól.

A könyvet Jack London kommentálta: "Tom bácsi kunyhójának története ismétli önmagát". Churchill felülvizsgálta, és Bernard Shaw meleg elismerését fejezte ki.

1930-ban második feleségével, Mary Craig Sinclairrel együtt parapszichológiai kísérleteket végzett a képek telepatikus kommunikáció útján történő megkettőzésére vonatkozóan.

Mental Radio című könyvében (lásd 41. ábra) leírja az elvégzett kísérleteket. Könyve nagy sikert aratott. A német kiadás tartalmazott egy Albert Einstein által írt előszót, amely így hangzott:

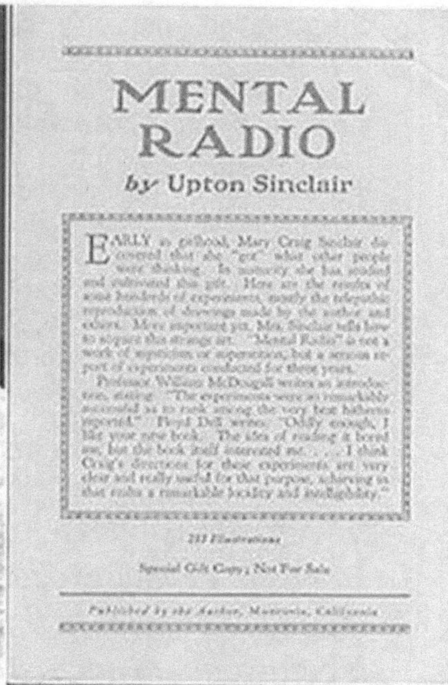

41. ábra Upton Sinclair és a Mental Radio 1930-ban megjelent könyvének borítója Albert Einstein előszavával.

"I have read the book of Upton Sinclair with great interest and am convinced that the same deserves the most earnest consideration, not only of the laity, but also of the psychologists by profession. The results of the telepathic experiments carefully and plainly set forth in this book stand surely far beyond those which a nature investigator holds to be thinkable. On the other hand, it is out of the question in the case of so conscientious an observer and writer as Upton Sinclair that he is carrying on a conscious deception of the reading world; his good faith and dependability are not to be doubted. So, if somehow the facts here set forth rest not upon telepathy, but upon some unconscious hypnotic influence from person to person, this also would be of high psychological interest. In no case should the psychologically interested circles pass over this book heedlessly".

„Nagy érdeklődéssel olvastam Upton Sinclair könyvét, és meggyőződésem, hogy nemcsak a laikusok, hanem a hivatásos pszichológusok legnagyobb elismerését is megérdemli.
A telepatikus kísérletek eredményei, amelyeket gondosan és világosan magyaráznak el ebben a könyvben, minden bizonnyal túlmutatnak azon, amit egy tudós elképzelhetőnek tart. Másrészt nincs lehetőség arra, hogy egy olyan komoly író, mint Sinclair, szándékosan csaljon meg a világ értelmezésében.
Jóhiszeműsége és megbízhatósága nem kétséges. Ezért, ha az általa kifejtett tények nem telepátián alapulnak, hanem valamilyen hipnotikus hatáson, amely személyről emberre ismeretlen, ez akkor is nagy pszichológiai érdeklődésre tarthat számot. A pszichológia iránt érdeklődő körök semmiképpen sem hagyhatják figyelmen kívül ezt a szöveget".

Einstein e néhány szava nagyon világos példája annak, hogy mi különbözteti meg a derűs tudóst a középszerű elmék tömegétől. Einsteint mindig is mélységes kíváncsiság és tudásszomj éltette. Nem zárt ki eleve semmit, de mindenesetre nem adta fel a nyomozást, a kísérletezést.

Ez arra késztette, hogy olyan elméleteket dolgozzon ki, mint például a relativitáselmélet, amelyeket senki sem képzelt el, és amelyekben senki sem hitt volna, kivéve egy hozzá hasonló, előítéletektől mentes elmét.

Ugyanezzel a kritériummal Einstein nem utasította el eleve a kvantumfizika következményeit. Azért találta ki az EPR-kísérletet, hogy igazolja, mennyire valóságos ez, minden kétséget kizáróan.

René Warcollier kísérletei.

Warcollier 1881. április 8-án született a párizsi Omonville-la-Rouge-ban. 1903-ban szerzett vegyészmérnöki diplomát az Ecole Nationale Supérieure de Chimie-n. Különféle eljárásokat szabadalmaztatott a drágakövek szintetikus előállításához, és speciális vászonokat készített a mozi vetítéshez. Aktívan érdeklődött a parapszichológia iránt, olyannyira, hogy az Institut Métapsychique International elnöke volt.

Fő telepátiás tanulmányai során egy vagy több „adó" megfigyelt egy képet, míg egy vagy több „vevő" megpróbálta reprodukálni azt.

42. ábra: René Warcollier francia mérnök és parapszichológus, valamint a telepatikus kísérleteiről szóló, 1948-ban megjelent, de ma is újranyomtatott „Mind to Mind” című sikeres könyvének borítója.

1922 utáni munkáinak nagy része Franciaország területén elterjedt küldők és vevők között szerepelt; különböző országokban, például Franciaországban és az Egyesült Államokban, vagy Franciaországban és Nagy-Britanniában található feladókat és fogadókat is használt. Kísérleti módszere előrelépést jelentett a korábbiakhoz képest, mert valós objektumok rajzait használta. Így Warcollier elvetette a statisztikai módszert, és megpróbált közvetlen bizonyítékot szerezni a telepátiára. Azt állította, hogy kísérletei szerint a férfiak jobban közvetítik a gondolatokat, mint a nők, míg a nők jobban befogadják. Azt is kijelentette, hogy a fiatalok érzékenyebbek a mentális benyomásokra, mint az idősebbek.

Kísérletei arra összpontosítottak, hogy a befogadók hogyan érzékelték az eredeti képeket torznak vagy deformáltnak. Warcollier rájött, hogy nem egész fényképekként közvetítik őket, hanem a figura különböző összetevői töredezettek és össze vannak keverve.

Ezt megerősíti a modern idegtudomány, a vizuális képek agy általi észlelésének és rekonstrukciójának módja. Warcollier szerint a telepatikus képek a tudattalanból emelkednek ki a tudatba, és itt úgy dolgozódnak fel, mint az álmok képei.

Ezért arra a következtetésre jutott, hogy a telepatikus úton továbbított képek torzak és kevésbé tiszták, mint a szemmel általában észleltek.

Warcollier számos publikációban ismertette kísérleteit, főleg a Revue Métapsychique 56 cikkében. Számos könyvében is megjelentek, köztük a "La Télepathie" (1921) és a "La Métapsychique" (1940, 1946) és különösen a "Mind to Mind" 1948-ban. Ezt a könyvet ma is újranyomják. (Lásd: 42. ábra)..

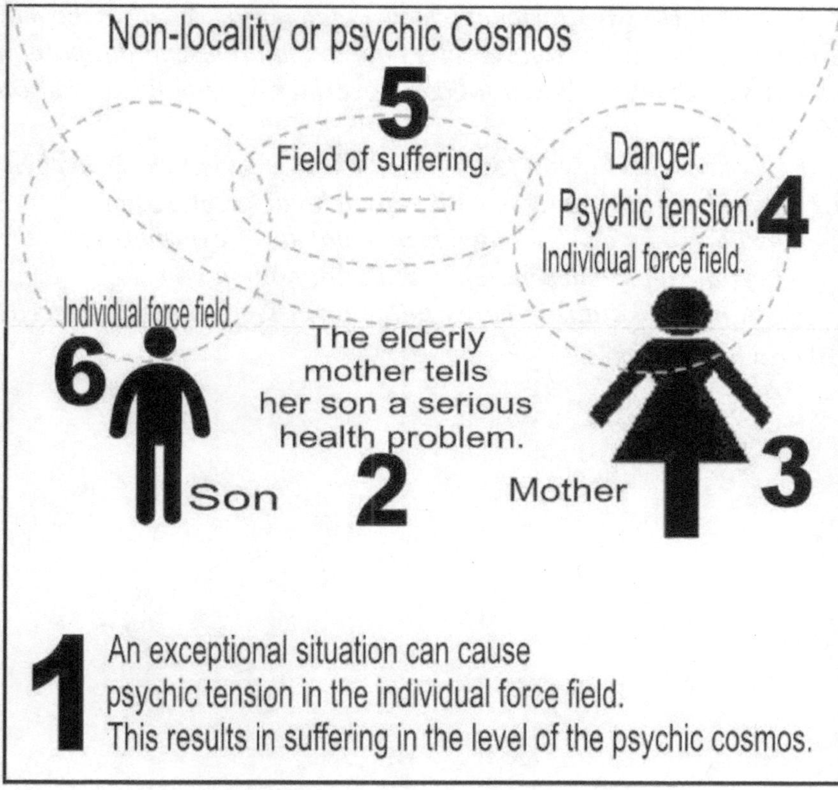
Non-locality or psychic Cosmos
5
Field of suffering.
Danger.
Psychic tension.
4
Individual force field.
Individual force field.
6
The elderly
mother tells
her son a serious
health problem.
Son
2
Mother
3
1
An exceptional situation can cause
psychic tension in the individual force field.
This results in suffering in the level of the psychic cosmos.

43. ábra Hogyan történhet meg a telepátia. Az anya egyéni erőtere egy potenciálisan veszélyes helyzet miatt feszült állapotban van. A szenvedés a „hívást fogadó" gyermek egyéni mezőjével jön létre.

1 Egy kivételes helyzet feszültséget okozhat az egyéni erőtérben. Ez a feszültség szenvedéssé válik a pszichikai kozmoszban.

2 Az idős anya egészségügyi problémát közöl gyermekével.

3-4 Az anya pszichés mezeje feszült állapotban van

5-6 A nem lokalitáson keresztül az anya szenvedéseinek terepe átkerül a gyermekre.

Kvantumösszefonódás és telepátia.

Az összes általunk leírt kísérlet csak néhány a legismertebbek közül. Olyan tudósok vezették őket, akik még nem ismerték az összefonódást.

A kvantumösszefonódás megerősítése lehetővé teszi minden feltételezést egy nem lokális valóságról, vagyis egy pszichikus kozmoszról, amelyben az ideák és gondolatok szabadon keringhetnek. A keringés történhet telepatikus átvitel formájában is.

Elképzelhetünk egy minden emberhez kötődő erőteret, amely összeköti a fizikai valóságát, vagyis az elméjét és a tudatát a pszichikai kozmosszal, ahol az univerzum összes erőterével kapcsolatba kerülhetnek.

Minél több ember kapcsolódik egymáshoz, annál jobban kommunikálnak az erőtereik. Ezek a fizikai szintünkön megszületett kommunikációk a nem lokális szinten, vagyis a pszichikai kozmoszban folytatódnak.

Az összes kísérlet során mindig azt találták, hogy minél erősebb a telepátia jelensége, minél erősebb a baráti vagy rokoni kötelék a két ember között, maximum az anyák és a gyerekek között.

A 43. ábrán egy idős anya nehéz időszakon megy keresztül baleset vagy súlyos betegség miatt. Egyéni, feszültséggel feltöltött erőtere energizál és riaszt a gyermek egyéni mezőjére.

A két tábor között kialakul a szenvedés mezeje. A gyermek a súlyos helyzetet „hívásként" érzékeli, amelyet többféleképpen lehet kifejezni: hallja az anya hangját, látja, a részletekben látja a veszélyes helyzetet, lát egy szimbolikus képet, ami miatt elképzeli a veszélyt.

Ugyanez a helyzet nagyon gyakori az ikrek körében is. Sok olyan ikres eset létezik, akik bár születésük után elváltak egymástól, életükben hihetetlen hasonlóságokat jegyeztek fel viselkedésükben. Sokan úgy gondolják, hogy ezek furcsa, de lehetséges véletlenek.

Példaként említhetem az ohiói (USA), Jim Lewis daytoni és Jim Springer ikrek esetét, akik születésükkor elváltak egymástól, és nem ismerték egymást. A mérkőzések listája valójában nagyon gazdag. Az eset iránt érdeklődő két tudós, Colin Wilson és Damon Wilson számolt be "A megfejtetlen rejtélyek nagy könyvében".

Mindkettőt Jimnek keresztelték meg örökbefogadó szüleik.

Mindketten körmüket rágták, és migrénben szenvedtek vagy szenvedtek.

Mindketten ugyanazt a márkájú cigarettát szívták.

Mindkettőjükben ugyanaz a szenvedély volt a barkácsolás.

Mindketten ugyanazon a környéken nyaraltak.

Mindketten James Allannek hívták gyermekeiket.

Mindkettőjüknek volt egy Toy nevű kutyája.

Mindketten dolgoztak egy McDonald's-ban, egy benzinkúton (nem ugyanabból a láncból) és a seriff segédjeként.

Mindketten elváltak és újraházasodtak.

Első és második feleségüket ugyanazok a nevek (Linda és Betty).

Az a véleményem, hogy életük során ezek az ikrek – talán öntudatlanul – továbbra is fenntartották a telepatikus kapcsolatokat, ami rendkívül hasonló életválasztáshoz vezette őket.

Érzékszervi egybeesések az ikrek között.

A CICAP webhely példákat közöl az ikrek közötti szenzoros egybeesésekről, és ezeket "határozottan feltűnő"-ként határozza meg."

"These are cases, also decidedly sensational, presented both by pairs of twins MZ (*monozygotic*) still joined, and by twins always MZ naturally and voluntarily separated in adulthood. They usually take the form of unusual coincidences in the perception of sensations that seem to derive from experiences that only one of the twins is actually experiencing, but that the other also experiences without apparent reason. This is the case, for example, of the labor pains that appeared prematurely in one of the twins and were also perceived by the other (not pregnant) who was miles away and completely unaware of the event. Like the case of Thelma Furness, who had to face a premature birth while she was in Europe, while her twin in New York Gloria Vanderbilt, totally unaware of the emergency childbirth, felt severe abdominal pains. Or the sudden fall of a twin in conjunction with a similar accident that happened to the other that was several kilometers away. Like the case of Ross Mc Whirter, shot in the head in London on the evening of November 27, 1975, while his brother Norris, an identical twin who was 30 miles away, suffered severe headache at the same time".
(https://www.cicap.org/n/articolo.php?id=273421)

„Ezek határozottan szenzációs esetek, amelyeket az életben még egyesült MZ

ikerpárok (monozigóta) mutatnak be, de a felnőttkorukban elvált MZ ikrek is.
Általában olyan érzésekként nyilvánulnak meg, amelyeket valójában csak az egyik iker él át. A másik azonban látható ok nélkül is megtapasztalja.
Ilyen például a születési fájdalmak, amelyek az egyik ikernél idő előtt jelentkeztek, és a másik (nem terhes) is érezte, aki mérföldekkel távolabb volt, és egyáltalán nem tudott az eseményről.
Mint például Thelma Furness esete, aki koraszüléssel szembesült Európában, és ikertestvére New Yorkban, Gloria Vanderbilt. Gloria, aki egyáltalán nem tudott a koraszülésről, súlyos hasi fájdalmakat tapasztalt.
Vagy az egyik iker hirtelen balesete, míg a sok kilométerre lévő második ikernél hasonló baleset történik. Ross Mc Whirter esetéhez hasonlóan, akit Londonban lőttek fejbe 1975. november 27-én este, miközben bátyja, Norris, egy egypetéjű iker, aki 30 mérfölddel távolabb volt, szintén erős fejfájástól szenvedett."

Az egyéni erőtér.

Az egyéni erőtér fogalma, amelyet a 43. ábra idéz, további tanulmányozást érdemel.

Az erőtér energiából és információból áll. Következésképpen az ember erőmezeje tartalmazza az energiáját és az „EGO-jával" és „ÉN-ével" kapcsolatos összes információt.

Ez az információ az ő története, tapasztalatai, mi volt, mi és mi lesz. Az energia az az összetevő, amely ezt az információt élővé és működőképessé teszi. Egy élőlény energiája és információja nem létezhetne, ha ennek az embernek nem lenne fizikai teste.

Valójában az információt az az összefonódás adja, amely összeköti és nagy egységben fonja össze mindazokat a részecskéket, amelyek a jelenlegi fizikai testének részét képezik, de azokat is, amelyek annak részei voltak a múltban.

Láttuk, hogy két „együtt születő" fotont nem fizikai, hanem pszichés kötelék köt össze, ami meghatározza az ilyen viselkedést, mintha egyek lennének, még akkor is, ha különválnak.

Ez a kötés nem csak két részecskére érvényes, hanem minden olyan részecskére, amely valamilyen módon együtt született, vagy egyébként is szorosan megosztotta születését és létezését másokkal.

Megfigyeltük, hogy a világegyetem összes anyaga, amely az ősrobbanás kezdeti energiarobbanása során keletkezett részecskékből áll, összekapcsolódik egymással, hogy a nem lokális dimenzióban anima mundit, egy nagyszerű univerzális elmét képezzen. Ez az elme az univerzum összes információjából és energiájából áll.

A legalacsonyabb szinten minden olyan részecskét tekintünk, amely egy élőlény része volt vagy lesz. Ezek alkotják az összes információját és energiáját. Azt lehet mondani, hogy ők alkotják az ő személyes Anima mundiját. Lehet, hogy csak a lelkét alkotják.

A 44. ábrán az egyetlen egyed Anima mundi-ja, amelyet a hasonlattal egyszerűen léleknek nevezhetünk, abszolút személyes, mert minden információját és történetét tartalmazza. Ezeket a testét alkotó anyag tartalmazza, és feloldhatatlan összefonódás köti össze őket.

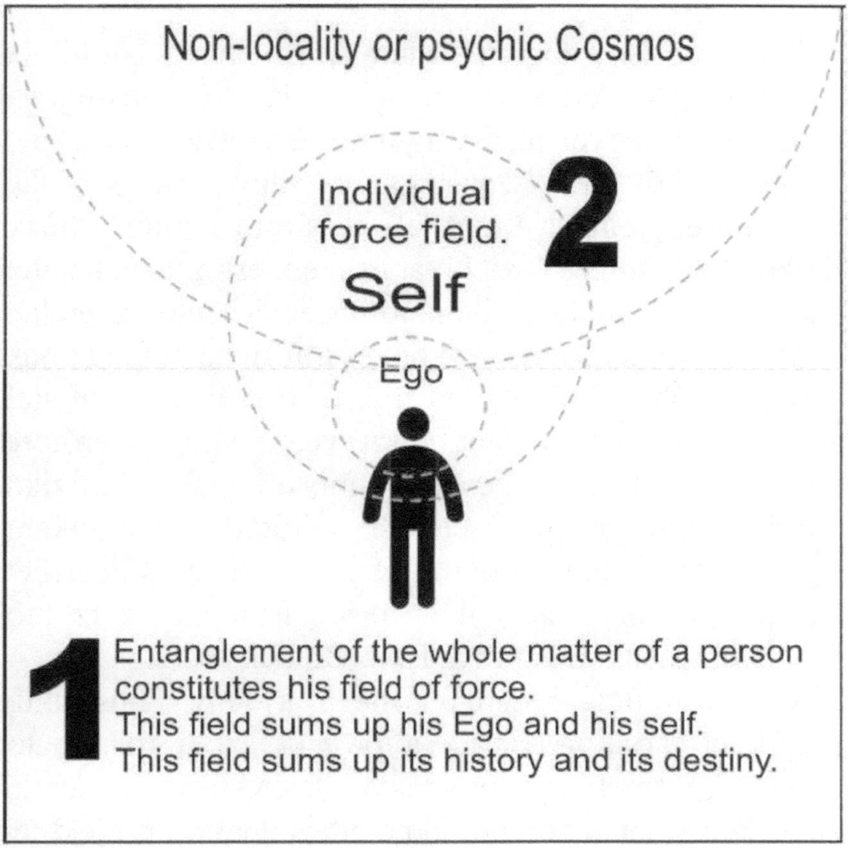

44. ábra. Bármely anyagból álló "dolog" erőtere a pszichikai kozmosz része.

Az ember anyagában létező összefüggések (összefonódások) alkotják az erőterét.

Ez az erőtér az „EGO" és az „ÉN" összegét képviseli. Az erőtér sorsának kompendiuma, amelyet választásaival ő maga épít fel.

Minden lény több mezővel lép kapcsolatba.

A teremtmény fogalma alatt itt az anyag bármilyen aggregációját értjük, amely saját azonosságával rendelkezik, legyen az ásványi, növényi vagy állati.

Egy folyó, egy százszorszép vagy egy szöcske, valamint egy ember a már jelzett három szinten létezik: fizikai, kvantum és pszichikai szinten, és minden szinten részt vesz az általunk általánosan elnevezett erőtereken keresztül, amelyek energiákból és információkból állnak.

A 45. ábra különböző típusú mezőket sorol fel, amelyekben minden lény részt vesz. Minden erőteret megkülönböztetünk „genetikai morfológia" és „fizikai morfológia" vagy „egyedi erőtér" területként. Nyilvánvaló, hogy sok más típusú mező is létezhet, amelyek közül néhány más néven ismert a szerzőktől függően, mások pedig még ismeretlenek.

A „morfológia-genetika" mező a lény konstruktív projektjét tartalmazza. Ez a projekt azt a folyamatot mutatja be, amely szerint a lényt alkotó különféle kémiai elemek meghatározott módon rendeződnek. A projektnek lehetővé kell tennie az egyes élőlények fejlődését a fajuk jellemzői szerint.

Ez a mező kölcsönhatásba lép a lényekkel, miközben azok fejlődnek, és maguk a lények is befolyásolhatják. Ez egy folyamatos interakció. Ez magyarázza a mutációkat.

Each creature interacts with many force fields.		
1	**2**	**3**
Morphogenetic field.	Morfic field	Individual force field.

Morphogenetic field leads the physical development in the various moments of growth.	Morfic field assures each species the correspondence to the psychological characters of the species.	Individual force field contains the personal story written by the individual himself.

45. ábra A lényeket a létezésük során kísérő fő erőterek.

1 A „genetikai morfológia" (morfgenetikai mező) területe szabályozza a fizikai fejlődést a növekedés különböző szakaszaiban.

2 A „fizikai morfológia" (morfikus mező) területe biztosítja, hogy minden egyed összhangban legyen a faj pszichológiai jellemzőivel.

3 Az egyéni erőtér az egyén által írt személyes történetet tartalmazza.

A "fizikai morfológia" (morfológiai tábor) területe tartalmazza a faj pszichés jellemzőit: ösztönöket, hajlamokat, kulturális és spirituális tulajdonságokat. Ez a terület is eltérő fajokban és fajtákban. Kölcsönhatásba lép az egyes lényekkel.

A faj kulturális evolúciójának fokozásával ez a növekedés átterjed ugyanazon faj következő elemeire. A morfikus mezők hasonlónak tekinthetők az archetípusokhoz, mivel ezek is előre léteznek egyedi lények, és a fajok fejlődésével változnak.

Az egyéni erőtér tartalmazza a lény teljes személyes történetét. Ez eltér az azonos fajhoz tartozó összes többi lényétől. Ez egy olyan történet, amelyet napról napra élünk, a külső események hatására bekövetkező változásoknak megfelelően. Az emberi lények esetében ez a szabad akaratnak köszönhető.

Az egyéni erőtér szorosan kapcsolódik az anyagi részhez, vagyis a lény testéhez. Valójában sok tapasztalat fizikai természetű, vagyis az öt érzékszervnek köszönhető.

Ami az embereket illeti, nyilvánvaló, hogy bizonyos élettani folyamatok többnyire öntudatlanul mennek végbe. A legtöbb cselekvés azonban személyes döntésből fakad. Ez megerősíti, hogy az egyes erőterek minden élőlénynél eltérőek.

Ezen jellemzők miatt az „egyéni erőtér” fogalma a „lélek” fogalmához hasonlítható.

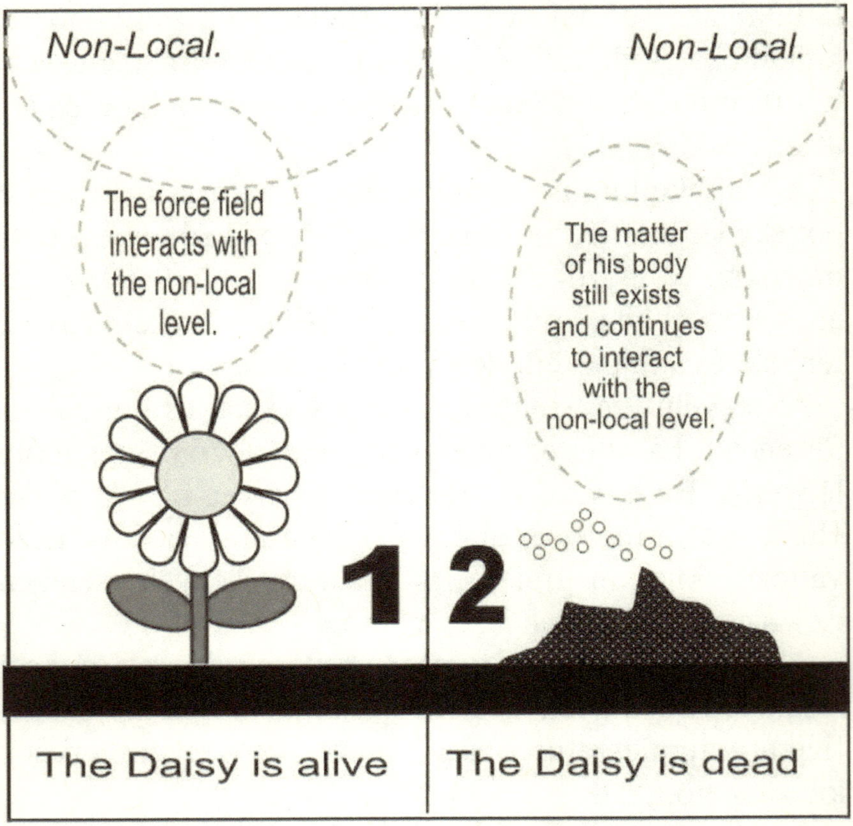

46. ábra A lény erőtere addig nem szűnik meg létezni, amíg a testét alkotó anyag létezik.

1 A százszorszép él. A százszorszép erőtere kölcsönhatásba lép a nem helyi szinttel.

2 A százszorszép meghalt. A testében lévő részecskék átalakulnak, de továbbra is kölcsönhatásba lépnek a nem helyi szinttel.

És ha a lény meghal, mi történik?

Feltehetjük magunknak a kérdést: mi történik az egyéni erőtérrel, amikor a lény meghal?

Abszolút semmi. Valójában a halál nem az anyag megsemmisülésével, hanem csak annak lebomlásával jár.

A mai kozmológusok szeretik azt mondani, hogy testünk csillagporból áll. Valóban az. Testünk atomjai képesek lesznek más testek részévé válni, de az őket egyesítő összefonódás nem szűnik meg létezni, ahogy az erőtér sem.

Az egyéni erőtér a „nem lokalitásban", a pszichikus kozmoszban marad. Az egyes lények erőtere hozzájárul a „nem lokalitásban" rejlő eszmék gazdagításához, és örökre magával viszi életében annak történetét, ami volt.

Csodálatos módon minden atom, minden részecske több erőtérben is részt vehet. Ez akkor is igaz, ha más lények építésekor újra felhasználják.

Ha igaz, hogy egy teremtmény halála után testének anyaga más lények részévé válhat, akkor az is igaz, hogy ugyanaz az anyag, amely a most élő teremtmény része, más lények része volt a múltban.

Senkinek sincs meg az a kiváltsága, hogy „vadiúj legyen". Mindannyian olyan anyagok újrahasznosításával készülünk, amelyeket már milliószor vagy milliárdszor felhasználtak.

Hiszen könnyen érthető, hogy már életünk során testünk végtelen számú salakanyaga, mint például a levágott körmök, izzadság, tüsszögésünkből származó aeroszol, más testek részévé válik, de továbbra is megosztja és befolyásolja. az erőterünkön.

De ez nem lep meg minket, az univerzumban, ahol minden egy. Tehát egy lény egyéni erőtere halhatatlan?

Talán. Tudjuk, hogy az anyag energia, és az univerzumban minden anyag egy kezdeti energiatöltésből származik, amely az Ősrobbanásban robbant fel.

Lehetséges, hogy egy elképzelhetetlen jövőben az univerzum összes anyaga újra energiává omlik össze. Amikor ez megtörténik, nem lesz többé gond.

Valószínűleg ebből az alkalomból minden egyes lény információja eltűnik. Azonban minden egyes teremtmény energiája visszatér, hogy egyesüljön azzal a nagy, ismeretlen Energiával, amelyből minden kezdődött.

Mi lesz a jóból és a rosszból? Talán az élőlények erőterei a jó és a rossz lenyomatát viszik az Energiába.

Ez továbbra is feszültséget kelthet az Energiában, amely egy új ősrobbanással robban majd fel, és egy új univerzumot generál, egy olyan ciklusban, amely csak akkor ér véget, amikor az Energia megtisztul és megnyugszik. De akkor tényleg ez lesz a vége.

A jövő ismerete.

Az "előreismeret" a jövő ismereteinek képessége. Azoknak, akik rendelkeznek ezzel a képességgel, sikerül ismereteket szerezniük az eseményekről, mielőtt azok megtörténnének. Előre láthatják a helyeket, tárgyakat vagy embereket, ahogyan a jövőben lesznek.
Ez alatt a címszó alatt sok más hangot is csoportosíthatunk, amelyeket gyakran használnak egymásra, de eltérő jelentéssel bírnak.

A „tény előzetes érzése" (a priori intuíció) abban a homályos megérzésben áll, hogy valami történni fog, még ha gyakran nem is tudjuk, mi. Nem ritka, hogy egy előérzet aggodalmat vagy csendes várakozást vált ki.

Az „előzetes tudás" (a priori tudás) abból áll, hogy először tudjuk, mi fog történni egy bizonyos jövőben. Bizonyos értelemben a prekogníció fejlettebb szakaszt jelent, mint a puszta előérzet.

Az „előérzet" egy jelenség ismerete, amely távolról történik, ugyanabban a pillanatban, amikor a megfigyelést észleljük.
Az előérzet egy érzelmi jelenségből áll, amely a jövőbeli események megszerzéséhez kapcsolódik, amelyekre figyelmeztetnek, figyelmeztetnek. Gyakran ez egy olyan érzés, amely egy bizonyos végrehajtott vagy végrehajtani kívánt cselekvést kísér, és lehetővé teszi

számunkra, hogy bizonyossággal megpillantjuk a következményeket.

"Clairvoyance" (tisztán látás) a tények mentális látomása, amelyek a jövőben fognak bekövetkezni, ahogyan azok kibontakoznak, majdnem úgy, mint egy fotón vagy filmen.

Tragikus kaland a tengeren.

1827-ben a Grampus bálnavadászhajó elhagyta Nantucketet, az Amerikai Egyesült Államok egyik szigetét. A sziget 48 km-re délre fekszik Cape Codtól, Massachusetts államban. Barnard kapitány tudta, hogy egy rejtőzködő utazó rejtőzik a raktérben. Ez Arthur Gordon volt, Augustus, a parancsnok fiának közeli barátja.

Ráadásul még a kapitány is barátja volt Arthur apjának, ezért is fogadta el a megtévesztést. A megállapodás az volt, hogy miután a nyílt tengeren "felfedezik" a fiatalember jelenlétét, ő a fedélzeten marad, és többé nem tudja kiszállni. Ezzel az ifjú Arthur ki akarta elégíteni Augustussal közös kalandvágyát.

Néhány napig minden jól ment, mígnem Arthur már nem kapott hírt vagy ételt a rejtekhelyén lévő barátjától. Arthur aggódva fedezte fel, hogy lázadás volt a fedélzeten, véres gyilkossági történetekkel. Például szóba került a tengerészek, akiket a zendülők közé tartozó szakács bárddal ölt meg.

Arthurnak, Augustusnak és egy bűnbánó lázadónak sikerült véget vetniük a lázadásnak. Sajnos egy vihar súlyosan megrongálta a hajót, amely kormány nélkül maradt.

A három barátnak és egy másik fiatalembernek, Richard Parkernek el kellett hagyniuk, hogy menedéket találjanak egy másik hajón, amely véletlenül jelent meg. De ez a hajó is egy elhagyott roncs volt.

A víztől és élelemtől megfosztott, kimerülten négyen úgy döntöttek, hogy feláldozzák egyiküket, hogy a többiek megegyék a túlélésért. Richard Parker nevét kivonták. A fiatal férfit a másik három azonnal megölte és kannibalizálta. Ezek valóban megmentették magukat.

A történet, amelyet itt röviden elmeséltem, a horror irodalom mestere, Edgard Allan Poe 1837-ben írt novellája összefoglalója. A címe "Arthur Gordon Pym kalandjai". Szóval ez egy kitalált történet.

De... biztosak vagyunk benne, hogy ez tényleg egy olyan történet, ami meg sem történt?

47. ábra: Az "Arthur Gordon Pym kalandjai" című könyvben elbeszélt kannibalizmus esete egy korabeli illusztrációként.

Egy igaz történet. A "Mignonette" hajótörése.

1883-ban egy gazdag ausztrál ügyvédnek, John Henry Wantnak, aki Angliába látogatott, lehetősége volt meglátogatni egy kis 16 méteres jachtot, a Mignonette-et, amely eladó volt. Elbűvölte, és úgy döntött, hogy megveszi.

A probléma az volt, hogy eljusson Ausztráliába, mivel kis hajó volt, ezért alkalmatlan arra az átkelésre. Némi óvintézkedéssel úgy döntöttek, hogy elindítják a jachtot, és ez 1884. május 19-én történt az angol Southampton kikötőből, Sydney-vel.

A legénység négy főből állt: Tom Dudley kapitány, Edwin Stephens, Edmund Brooks és Richard Parker. Parker egy 17 éves fiú volt, akinek nem volt vitorlázási tapasztalata.

Amikor a Mignonette elérte a Jóreménység-foktól mintegy 1600 mérföldre északnyugatra, egy rendellenes hullám érte, és felborította. Hamar elsüllyedt, de a legénységnek sikerült egy mentőcsónakon biztonságba menekülnie.

Sajnos sietségükben semmi hasznosat nem hoztak magukkal a túléléshez. Magukra maradtak az óceán közepén. Ezért úgy döntöttek, hogy egyiküket feláldozzák a többiek túléléséért.

Dudley kapitány és Stephens tengerész úgy döntött, hogy az ifjú Parkeren lesz a sor. Ehelyett a másik tengerész, Brooks tartózkodott. A választás oka az volt, hogy Richard Parker beteg volt, és nem volt családja, akihez visszatérhetne.

48. ábra Edgard Allan Poe novellája angol kiadásának előlapja.

49. ábra A Mignonette jacht, egy 16 méteres kishajó. Az ábrán a csónak, az idő illusztrációjaként.

Hárman megmenekültek a fiatal fiú (akaratlan) feláldozásának köszönhetően. Később 1884. július 26. és 27. között a Montezuma hajó mentette ki őket Rio de Janeiro partjainál.

Otthon jogi eljáráson mentek keresztül.

1884. december 22-én Dudleyt és Stephenst halálbüntetésre ítélték. Később azonban, miután a közvélemény általános felkelése a túlélők javára, a büntetés hat hónap börtönre csökkent.

Irodalmi jövőképek.

Így hát Edgard Allan Poe 1837-ben írt fantasztikus történetében Arthur Gordon Pym kalandjairól egy kannibalizmus esetét meséli el, amelyben egy hajótörést követően egy Gordon Parker nevű fiatal fiút megesznek a másik három túlélő.

Hihetetlen módon, 1884-ben, 47 évvel később, az eset valóban megtörténik, és egy Richard Parker nevű fiatal fiú, aki három másikkal együtt megúszta a Mignonette elsüllyedését, a többi túlélő eledelévé válik.

Az olasz Encyclopedia Treccani a következőképpen határozza meg az előrelátás epizódjait: "Az előérzet paranormális információ a jövőbeli események bekövetkeztével kapcsolatban. Általánosabban egy előérzet, egy előjel, egy figyelmeztető jel."

Amikor azt az érzést kapjuk, hogy egy bizonyos tény meg fog történni, és aztán tényleg megtörténik, az értetlenül hagy bennünket. Hogyan tudtunk ilyen pontosan megjósolni egy olyan eseményt, amely csak a jövőben fog megtörténni?

Valójában az előérzet vagy előrelátás egy olyan mentális dinamizmus, amely egy olyan eseményre összpontosít, amely már benne van a nem lokális dimenzióban. Sok olyan esemény, ami a múltban megtörtént vagy a jövőben fog megtörténni, hirtelen minden részletében nagyon világosnak tűnhet számunkra.

Ezekben az esetekben tudatunk megszabadult az érzéki univerzumunkban érvényben lévő idő és tér szabályaitól, és tanul az egyetemes elmétől. Ez az Elme, mivel a nem lokális dimenzióban található, nem ismer fizikai korlátokat. A nem lokális világban az univerzum minden információja elérhető olyan kontextusban, amely nem lát előre, sem előtte, sem utána, sem most.

Ebben a kontextusban az aggyal íróként, alkotóként és tudósként megszokottakra jellemző kulturális előrelátás képes belépni a „nem lokális" szinten jelenlévő univerzális tudásba, ahol olyan információkat gyűjtenek, amelyek a mindennapi életünkben. , úgy tűnhet, mint a jövőbeli események előrejelzése.

A Richard Parker-tragédia mellett számos más eset is van az írók kulturális előrelátásának. Az egyik legismertebb a Titanic elsüllyedésével kapcsolatos.

A "Futility" hajó. A "Titán" elsüllyedése.

Morgan Robertson amerikai író, Oswegoban született 1831-ben, és tengeri kalandokon alapuló meséiről ismert. Származása miatt rajongott e műfajért, valójában András hajóparancsnok fia volt.

Úgy tűnik, hogy Morgan volt a periszkóp feltalálója, vagy közreműködött a megvalósításában. Hírneve azonban szinte teljes egészében egy 1898-ban írt „Hiábaság" című történetéből származik. Egy nagy óceánjáró történetét meséli el, amely egy nagy jéghegygel való ütközés következtében az Atlanti-óceánba süllyed.

A történet cselekményének középpontjában a főszereplő John Rowland, az Amerikai Egyesült Államok egykori tengerésztisztje áll, aki alkoholista és leépült, matrózként dolgozik a Titánon. Ez a hajó egy éjszaka jéghegynek ütközik és elsüllyed, de Johnnak sikerül a jéghegyen megszöknie egy lánnyal.

Természetesen John megmenekül ennek a lánynak a segítségével. Neki köszönhetően megoldja az alkoholizmus problémáit, és boldogan éli le hátralévő életét.

Ebben a kontextusban a kulturális előrelátás, amely az aggyal íróként, alkotóként és tudósként dolgozókra jellemző, képes belépni az univerzális tudásba, amely a "nem lokális" szinten van jelen. Itt az elme olyan információkat vesz fel, amelyek mindennapi életünk, úgy tűnhet, mint a jövőbeli események előrejelzése.

50. ábra: A Titanic elsüllyedése a New York Times főcímében. A jobb oldalon Morgan Robertson novellája, a Hiábavalóság egy régi olasz változatának borítója, amelyet „A Titán hajótörése"-re kereszteltek át.

A Richard Parker-tragédia mellett számos más eset is van az írók kulturális előrelátásának. Az egyik legismertebb a Titanic elsüllyedésével kapcsolatos

Affinitás a Titán (fantasztikus) elsüllyedése és a Titanic (valódi) elsüllyedése között, ami 14 év után következett be.

A név.
Az egyik hajót Titánnak, a másikat Titanicnak hívták.
A hajótörés áldozatai.
Mindkét hajótörés több ezer áldozatot követel.
A hajótörés oka.
Mindkét hajó elsüllyedt a jéghegynek való ütközés következtében.
A becsapódási pont.
Mindketten a jéghegynek ütköztek a jobb oldalon.
A hajótörés helye.
Mindkét esetben a hajótörés körülbelül 400 mérföldre történik Új-Fundlandtól.
Sebesség az ütközés pillanatában.
Mindketten hasonló sebességgel haladtak. (25 csomó a Titan, 22,5 csomó a Titanic).
A becenév.
Mindkét hajót "elsüllyeszthetetlennek" minősítették.
A meghajtás.
Mindkettő három légcsavaros és két tengelyű volt.
A méretek.

A Titan 244 méter hosszú volt, a Titanic valamivel több, 269 méter.

A mentőcsónakok.

Mindkettőben nem volt elegendő mentőcsónak minden utazó számára.

A két hajó indulása

Mindketten áprilisban távoztak

A navigációs útvonal..

Mindketten az Egyesült Királyságból New Yorkba tartó úton voltak.

Azt kell mondanunk, hogy a tényleges hajótörést követően a történetet változtatásokkal újra közzétették, hogy jobban hasonlítson a valósághoz, de az itt közölt analógiák az első verzióhoz kapcsolódnak.

Rendkívüli módon a CICAP felszámolja a kérdést azzal, hogy a szerzőnek meglehetősen egyszerű volt elképzelni egy nagy hajó elsüllyedésének történetét, hiszen annyi volt forgalomban. Nem kommentálunk..

Események előrejelzése.

Életünk egy pontján mindannyiunknak volt valamilyen előérzete. Az érzéseket gyakran kísérik fizikai érzések, mint például hidegrázás, libabőr, de "pillangók a gyomorban" is.

A New York-i Columbia Egyetem kutatója azt állítja, hogy a gyomor valójában idegsejtek nagy hálózatának ad otthont, amelyek állandó kapcsolatban állnak az agy érzelmi részével. Nyilvánvaló, hogy a jelenlét által generált érzelmi erőtér a gyomrot is stimulálja, így az érzelmet is érzékelhetővé teszi.

Az „előzetes érzések" nagyon gyakoriak, és gyakran megmentik az emberek életét.

1956-ban William Edward Cox amerikai mérnök cikket tett közzé "Precognition. A prekogníicióval kapcsolatos kutatásának jelentését tartalmazó elemzés ".

A gyakorlatban Cox végzett egy tanulmányt, amelyben összehasonlította a rendes járatokat közlekedő vonatok utasainak számát 28 balesetet szenvedett vonat utasainak számával.

Az összehasonlítás azt mutatta, hogy jelentősen csökkent a balesetet szenvedett vonatok utasainak száma. Ehelyett ugyanazokon a vonatokon állandó volt azon utasok száma, akik rendszeresen utaztak. (Lásd: 51. ábra).

Cox több tucat cikket és kutatást publikált a parapszichológiáról, és a Duke Egyetem Parapszichológiai Laboratóriumában dolgozott Durhamban, Észak-Karolinában. Cox tehát nem improvizátor volt, hanem tapasztalt kísérletező. 1994-ben hunyt el.

Egyes tudósok azt állítják, hogy az előérzetek nem mások, mint az intuíció megnyilvánulása. Mint már említettük, az intuíció nem extraszenzoros észlelés, mert a már birtokolt tudásból merít, feldolgozva azt, hogy viselkedési jelzéseket kapjon.

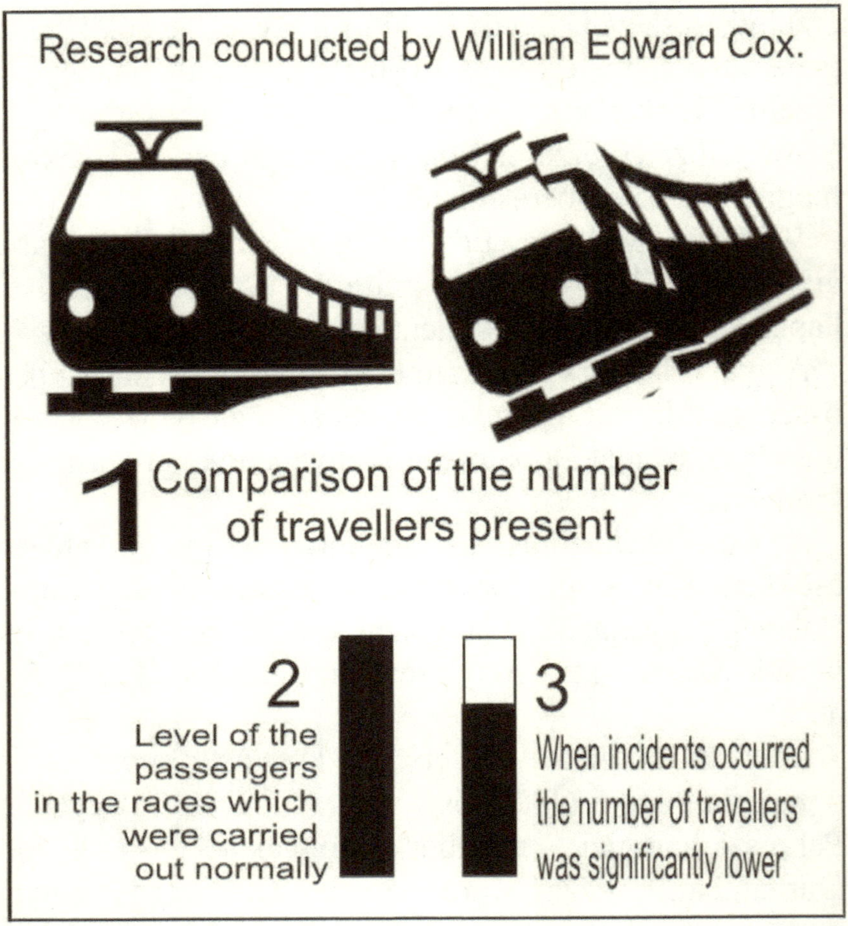

51. ábra William Edward Cox kutatása, aki összehasonlítást végzett a vonatokon utazók között meghatározott vasúti szakaszokon. Azokban az esetekben, amikor baleset történt, az utazók száma lényegesen alacsonyabb volt.

1 Összehasonlítás a jelenlévő utazók számával.

2 A vonatokon utazók száma, akik nem szenvedtek balesetet.

3 Azonos vonatokon utazók száma azon napokon, amikor balesetet szenvedtek.

Minden bizonnyal ok-okozati összefüggés van az intuitív reakciók és a már birtokolt tudás között. A jelenben azonban nincs ok-okozati összefüggés.

Még ha a tapasztalat azt is mutatja, hogy előbb-utóbb egy vonat balesetet szenved, még akkor sem mondhatjuk el, hogy aznap éppen azon a vonaton lesz baleset.

Dean Radin kísérletei.

Dean Radin pszichológus, a Las Vegas-i Nevadai Egyetem Tudatkutató Laboratóriumának igazgatója.

A szilárd tudományos háttérrel rendelkező parapszichológusok közé tartozik, akik tekintélyes struktúrákban, például egyetemeken vagy más kutatóközpontokban dolgoznak.

A 90-es évek közepén Radin munkatársaival együtt kísérleti ciklusba kezdett, amelynek célja a "jövőbeli események várható tudatosságának" ellenőrzése volt.

A tipikus kísérletben a tesztnek alávetett alanyok érzelmi izgalmát mérték. Ennek érdekében speciális műszerekkel, az ujjakhoz csatlakoztatott elektródák segítségével mérték a bőr ellenállásának változásait. Többé-kevésbé úgy, mint a hazugságvizsgáló tesztben.

Az alapelv az, hogy ha az ember érzelmi állapotát megváltoztatja, akkor verejtékmirigyeinek tevékenysége is változik, és ennek következtében a bőr elektromos aktivitása is. A teszt során az alanyokat „érzelmi stressznek" vetették alá, amely elég jelentős ahhoz, hogy jelentős változásokat idézzen elő a verejtékmirigyekben.

Experiments by Dean Radin
1
To Volunteers Images from the pacific or shocking content are shown.
2
3
Quiet pictures.
The reaction
occurs 2-3 seconds
AFTER
viewing the image.
Highly emotional
images.
The test reaction is
two or three
milliseconds
BEFORE
the image is vision.

52. ábra Dean Radin kísérleteiben az alanyok elektronikus berendezésekkel vezérelve érzékelték a sokkoló képek érkezését, mielőtt azok megjelentek a képernyőn.

1 Az önkéntesek megnyugtató vagy sokkoló tartalmú képeket néznek meg.

2 Nyugtató tartalmú képek esetén az önkéntesek a megtekintés után 2 vagy 3 másodperccel reagálnak.

3 Traumatikus tartalmú képek esetén az önkéntesek a kép megjelenítése előtt 2-3 ezredmásodperccel reagálnak.

Ennek elérése érdekében kisebb áramütéseknek vagy hirtelen és kellemetlen szagoknak voltak kitéve. De a legtöbb esetben képeket mutattak nekik.

A tájképek vagy a mosolygó gyerekek fotói váltakoztak a boncolási vagy közúti balesetek holttesteiről készült fotókkal, vagy erősen pornográf tartalommal. Természetesen a képek hirtelen megjelentek egy képernyőn. (Lásd: 52. ábra).

A kísérlet különböző szakaszai során Radin és munkatársai észrevették, hogy amikor derűs tartalmú képeket láttak, az alanyok megőrizték lelki békéjüket.

Amikor viszont erős érzelmi töltetű képeket mutattak be, az alanyok erőteljesen reagáltak, ahogy azt a csatlakoztatott műszerek is észlelték.

Eddig minden rendben, hol a meglepetés?

A meglepetés a reakcióidőben rejlik. Az erős képekre adott reakcióidő ezredmásodpercben történő mérésével kiderült, hogy az érzelmi állapot néhány ezredmásodperccel változott, MIELŐTT a kép megjelent. Úgy történt, mintha az alanyok tudatalattija előre tudta volna, hogy a bejövő kép rendkívül érzelmes.

Jövőbeli katasztrófák víziója.

A katasztrófák előrejelzésével kapcsolatos bizonyságtételek számtalan. Mindenekelőtt egy esetre emlékezhetünk, arra a földcsuszamlásra, amely 1966. október 21-én víz alá borította a walesi Aberfan bányászfalut.

Az előző napok tartós esőzései okozta, több mint 150 ezer köbméternyi szénkitermelésből származó hulladék 9 óra 15 perckor maga alá temette a települést. A törmelékhegy az iskolát is elérte, amíg minden tanuló jelen volt

Ha egy órával korábban történt volna, az iskola üres lett volna. A 144 áldozat között 128 gyermek szerepel.

Rupert Sheldrake "A kiterjesztett elme" című könyvében a következőket írja:

The psychiatrist J.C. Baker, who worked in the village after the tragedy, discovered that many people had had premonitions.
He investigated 76 cases. Of these, 3 were about dreams. Some dreams were so vivid and horrifying that those who did them would wake up with a start shouting.
Some people felt intense anguish. A ten-year-old girl, Eryl Jones, killed in the tragedy, told her mother two weeks earlier: "Mom, I'm afraid of dying" and added that she would die with her friends

"Pszichiáter J.C. Baker, aki a tragédia után a faluban dolgozott, azt tapasztalta, hogy sok embernek voltak előérzetei. Összesen 76 ügyet vizsgált ki. Ebből 3 álmokat érintett. Egyes álmok élénkek és rémisztőek voltak, olyannyira, hogy egyesek sikoltozva ébredtek fel... Néhány ember heves gyötrelmet érzett."

53. ábra: Elsősegélynyújtás Aberfan faluban (a Londranews.com oldalról)

" Egy tízéves kislány, Eryl Jones, aki meghalt a tragédiában, két héttel korábban azt mondta édesanyjának: „Anya, félek a haláltól." A kislány hozzátette, hogy meg fog halni, amíg a barátaival lesz. .
Eryl anyja azon tűnődött, miért beszélt így a kislány. Aztán előző nap Eryl ezt mondta az anyjának: „Azt álmodtam, hogy iskolába megyek, és az iskola megszűnt. Valami fekete leszállt és összezúzta." Édesanyja kérésére Erylt kis barátai mellé temették."

Egyéb típusú előrelátás.

Vannak más típusú előrelátások is, amelyek nem kapcsolódnak tragikus eseményekhez. Például felismerhet egy személyt egy régi fényképen, és röviddel ezután, még aznap vagy másnap találkozhat vele. Néha, miután gondolt egy személyre, telefonhívást, e-mailt vagy levelet kaphat.

Vannak emberek, akik mindig előre tudják, ha valaki hamarosan megérkezik, különösen akkor, ha szerelmi vagy rokoni kötelék van a kettő között.

Nyilván akkor az előérzeteket az állatok is megtapasztalják. Úgy tűnik, hogy sok állat képes előre megjósolni a földrengések érkezését, bár nem tudjuk, hogy ez valóban az előrelátáson múlik-e, vagy olyan különleges érzékenységen múlik, amely képessé teszi őket olyan fizikai jelek felvételére, amelyeket az ember még nem azonosított.

Kísérleteket végeztek olyan állatokon (kutyák és macskák) is, amelyek "tudják", mikor érkezik haza a gazdi. Ezek az állatok akkor is számíthatnak a visszatérésre, ha az eltérő időpontokban történik. Ezt a tudatosságot világosan kifejezett attitűdökkel nyilvánítják ki. Például az ajtóhoz állnak, hogy üdvözöljék gazdájukat, amint az megérkezik.

Az érzés, hogy figyelnek.

A megfigyelés érzése meglehetősen gyakori, és gyakran irányultságot is jelez, vagyis azt az irányt érzékeljük, ahonnan valaki megfigyel bennünket. Ha visszanézünk, láthatjuk, hogy valaki valóban minket néz. Valójában nagyon gyakran megtörténik magunkkal, hogy megfigyelők vagyunk. Valamiért egy emberre bámulunk... Hirtelen ez a személy megfordul, és a tekintete találkozik a miénkkel.

A "gyűlöletes tekintetek".

A „gyűlöletkeltő pillantások” az emberi viselkedés olyan érdekessége, amely mindig is ismert volt, és mindig is a negativitás jellemezte. Frederick Thomas Elworthy 1895-ben kiadott Evil Eye című könyvében azt állítják, hogy a szem képes erőt kisugározni. Amikor ez az erő az irigy vagy dühös emberek szeméből fakad, a levegő gonosz lesz.

Valójában Elworthynek már voltak méltó előfutárai. Az ókorban a gonosz szembe vetett hitet olyan kulturált emberek tartották, mint Arisztophanész, Plutarkhosz és Héliodorosz. Szókratész egyes kritikusai azt állították, hogy ez a nagyszerű filozófus megszállta a gonosz szemet.

Nem beszélhetünk a gonosz szemről anélkül, hogy ne említenénk ellentétét, a bűvöletet. Ez az a képesség, hogy megbabonázz a tekintettel. A bűvölet akkor következik be, amikor pozitívan bekapcsolódunk egy műsorba, filmbe vagy valamibe, ami felkelti a figyelmünket. Gyakran az ember viselkedése is lenyűgöz bennünket.

A bűvöletet gyakran hipnotikus állapot előidézéseként értelmezik. Azok, akik ezt szenvedik, képtelenek reagálni. A természet legismertebb példája a kígyó halálos elbűvölése, amely csak a tekintetével teszi mozgásképtelenné áldozatát.

Kevésbé tragikusan azt mondhatjuk, hogy például egy kölyökkutya tekintete képes elbűvölni minket, ahogyan ez természetesen egy gyerekét vagy egy szeretett személyét is.

A „Globális Tudat" projekt".

Az előző, Dean Radin kísérleteit bemutató fejezetben rámutattam a belőlük kirajzolódó meglepő jellemzőre. A kísérletnek alávetett emberek előre észlelik a legerősebb képek megjelenését. Ezekben az esetekben mérhető elektromos jelekkel reagálnak. A válasz korán történik, néhány ezredmásodperccel azelőtt, hogy a kép megjelenik a képernyőn.
A kellemetlen események várható észlelésének ezt a jelenségét számos kutató sokszor feljegyezte.
A kérdés, amit valaki feltehet: ha egy személy tesztelésével előre meg lehet jósolni a negatív helyzeteket, akkor egy város lakóit tesztelve nem lehetne-e megjósolni a várost érintő negatív eseményeket?
Hasonlóképpen, ha a negatív események még azelőtt változásokat okoznak az emberi lények tudatában, nem lehetne-e a lakosság nagy részének zavarainak tesztelésével előre jelezni olyan negatív eseményeket, amelyek egész nemzeteket vagy kontinenseket, vagy az egész bolygót érintenek?

54. ábra: Princeton Egyetem, Princetonban, New Jerseyben, az Ivy League egyik legnagyobb egyeteme, és a világ egyik legrangosabb egyetemeként ismerik el. Ez az a hely, ahol a Global Consciousness Project alapul.

Valaki megpróbálta. A „Google Profile of Mood States" (GPMOS)

Az Indianai Egyetem informatikusainak és statisztikusainak egy csoportja megpróbálta felvenni a „kollektív hangulat" pulzusát azáltal, hogy elemezte az emberek hangulatát a közösségi hálózatokon, különösen a Twitteren.
Ehhez a Google által készített eszközt, a „Google Profile of Mood States"-t használták. A tudósok nyolc hónapon keresztül, 2008 márciusától decemberéig elemezték a GPMOS által rögzített hangulatokat, amelyek hat: boldogság, kedvesség, éberség, nyugalom, biztonság, vitalitás.
Kiválasztották azokat az időszakokat, amelyekben a nyugalom hangulata uralkodik, összevetve azt a tőzsde trendjével, és igazolták, hogy amikor a minta ezt a helyzetet fejezte ki, a tőzsde 88 százalékos előrejelzés pontossággal zárt meglepetések nélkül..

Valakinek sikerült. A Global Consciousness Project (GCP)

Valaki más azzal volt elfoglalva, hogy tudományosabb módon tapogatja a világ lelkiállapotát. Ezt a folyamatban lévő kutatás során tette, amely a 80-as években Robert Jahn és Brenda Dunne professzorok által a Princetoni

Egyetemen létrehozott projekt részeként zajlik. A projekt a "Princeton Mérnöki Anomáliák Kutatása".

Ez a projekt akkor született, amikor a különböző kísérletek lehetővé tették, hogy elképzeljük, hogy valóban létezhet kollektív globális tudat.

A vizsgálatok az emberi érzelmek pszichokinetikai hatásainak igazolásából állnak bizonyos kisméretű elektronikus eszközökön. Ezek elektronikus véletlenszám-generátorok. Technikai értelemben RNG (Random Number Generator).

Tudjuk, hogy a számok lehetnek páros vagy páratlan számok. Ebből a szempontból két lehetőség van. Ezért, ahogy az az érme feldobásakor történik, ésszerű számú feldobás után az eredmény kiegyensúlyozottá válik (50% -50%).

Az önkénteseket arra kérték, hogy próbálják meg mentálisan befolyásolni a páros vagy páratlan számok kimenetét. Azt találták, hogy az önkéntesek valóban érdekes eltéréseket tudtak generálni a statisztikák tekintetében.

Később meglepetés ért. A tudósok megfigyelték, hogy az RNG-generátorok adott környezetben történő elhelyezésével az eredmények gyakran eltértek a statisztikailag előre láthatóktól. Ez akkor is megtörtént, amikor senki nem próbálta befolyásolni az eredményeket.

A következtetés az volt, hogy az RNG generátorokat befolyásolhatja a tartományukban élő emberek hangulati állapota. Nem volt szükség önkéntesekre, hogy ezt megtegyék. Úgy tűnt, hogy az uralkodó hangulati állapotoknak megfelelően egy "közösségi tudat" kölcsönhatásba lép az RNG-kkel.

A kísérlet a "Mega Trial" nevet vette fel. Két másik kutatóintézet, a németországi freiburgi és giesseni kutatóintézet részvételével folytatódott.

A következő években az érdekes eredmények és a technológiák kifinomultabbá válása lehetővé tette, hogy sok más intézet is bekapcsolódjon a projektbe (amely a „Global Consciousness Project" nevet vette fel).

Sok véletlenszám-generátort helyeztek el gyakorlatilag az egész világon, Európától az USA-n át Oroszországig, majd Japánban, Brazíliában, Kínában, Dél-Amerikában, Ausztráliában és Afrikában is. Összesen mintegy 150 nagy teljesítményű RNG generátort telepítettek.

Ezek a még működő generátorok önkéntesek beavatkozása nélkül működnek, akik megpróbálják befolyásolni őket. Véletlenszerű számokat (egyet vagy nullát) generálnak másodpercenként több százszor, miközben előrejelzést készítenek, majd ellenőrzik, hogy jól tippeltek-e.

A statisztikák szerint ennek az esetek 50%-ában meg kell történnie.

De ez nem mindig van így. A jelentős jelentőségű kollektív események bekövetkezése előtt a generátorok az átlagosnál jóval gyakrabban találkoztak azzal az esélyekkel, mintha hétköznapi működésüket befolyásolnák a röviddel ezután bekövetkező események.

A gyakorlatban az RNG-k képesek jelentős változást rögzíteni a befolyási körükbe tartozó közösségek kollektív tudatában, ami több egzakt előrejelzésben fejeződik ki.

Ha az esemény egy egész kontinenst érinthet, akkor az adott kontinens összes generátora ugyanazokat a változásokat rögzíti. Ennek megerősítéseként a pontos előrejelzések hatalmas kiugrásait figyelték meg néhány órával a New York-i ikertornyok elleni támadás előtt, 2001. szeptember 11-én.

Ezek a csúcsok lokálisan vagy globálisan továbbra is az eseményeket megelőző órákban jelentkeznek, amelyek röviddel ezután érzelmileg érintik a cselekvési tartományukon belüli populációkat.

El kell mondani, hogy nemcsak a negatív események hatnak a generátorokra, hanem pozitívak is, ahogy az az olimpia vagy más jelentős nemzetközi sportesemények megnyitója alkalmából történt.

A probléma csak az, hogy a legtöbb esetben az eszközök segítségével megérthetjük, ha az emberiség feszültségben van valami miatt, aminek meg kell történnie, de nem lehet megállapítani, hogyan és hol fog megtörténni.

A „Globális Tudatprojekt" ma.

1980-2002 között a projektmunka prof. Roger D. Nelson, aki most a koordinátora. A professzor. Nelson a tudatosság és a szándék, valamint az elme fizikai világban betöltött szerepének tanulmányozására specializálódott. Munkássága egyesíti a tudományt és a spiritualitást. Olyan kutatási modellt foglal magában, amely közvetlenül számos közös tapasztalatra összpontosít.

Nelson az RNG technológiát használta bizonyos tudatállapotok hatásainak vizsgálatára emberi csoportokban.

Ez most egy globálisan elosztott RNG-hálózatból áll, amelyek folyamatosan adatokat küldenek a Princeton Egyetemen található szerverre.

A hálózatot úgy tervezték, hogy rögzítse a globális tudat izgalmának jeleit olyan nagy világesemények alkalmával, mint a háborúk kezdete, természeti katasztrófák, jelentős sportesemények és olyan nagy ünnepségek, mint például az újév.

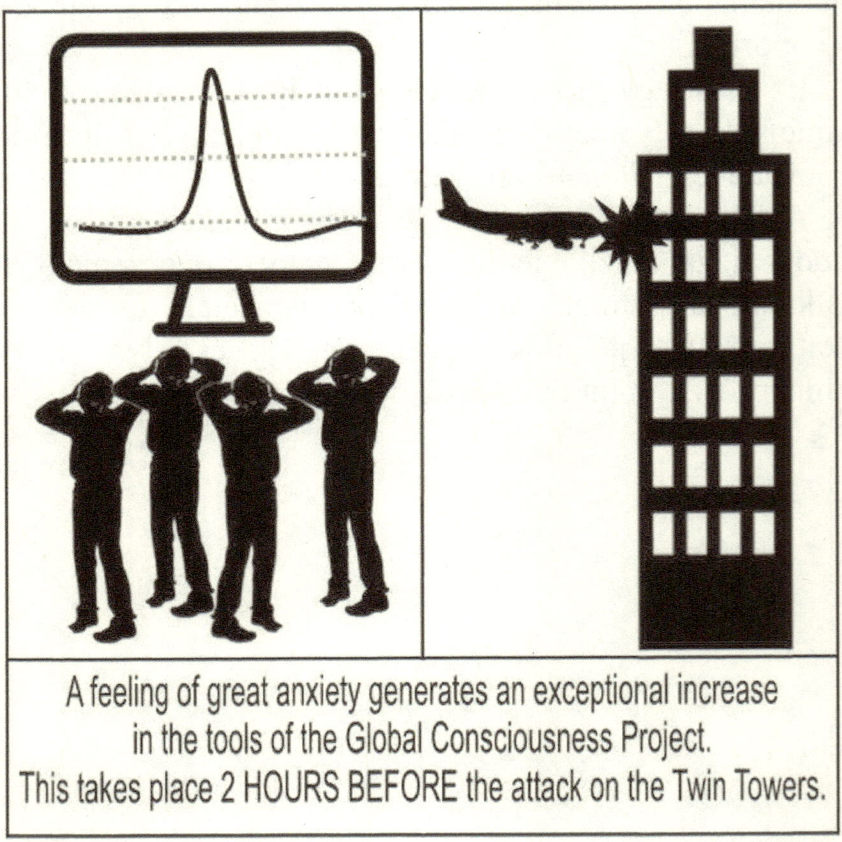

55. ábra: New York, 2001. szeptember 11. A „Global Consciousness Project” műszerei nagyon erős feszültséget regisztrálnak a világ lakosságában két órával azelőtt, hogy a repülőgép becsapódna az első toronyhoz.

A New York-i "ikertornyok" esete.

A „Global Consciousness Project" talán legtragikusabb eseménye az volt, ami New Yorkban történt 2001. szeptember 11-én, az ikertornyok elleni támadás és összeomlásuk során.

Valójában négy öngyilkos merényletet követtek el azon a napon, amelyekben körülbelül 3000 ember halt meg, további 6000 pedig megsebesült.

"Entangled Minds" című könyvében Dean Radin, aki részt vesz a projektben, a következőképpen írja le az RNG-készülékek viselkedését:

"In examining the results of the analysis, we noticed that something unusual happened that day. On 11 September 2001, the curve of the graph underwent an incredible deviation in comparison with the other days examined. It turned out that this curve peaked about two hours before the hijacked plane crashed on the first of the Twin Towers, in New York, at 8.46 am local time.
There is no easy answer to the question of why the curve peaked before the terrorist attack, although it does remind us of the data obtained from precognition experiments. What caused this big change? Has the massive coherence achieved by the whole of minds, at world level, that day been reflected in the behavior of random number generators? It seems that things have gone this way. "

„Az elemzés eredményeit megvizsgálva azt vettük észre, hogy aznap valami szokatlan történt. 2001. szeptember 11-én a grafikon görbéje hihetetlen eltérést mutatott a többi vizsgált naphoz képest.

Nincs egyszerű válasz arra a kérdésre, hogy miért tetőzött a görbe a terrortámadás előtt, pedig a prekogníciós kísérletekből nyert adatokra emlékeztet."

Következtetések. Ez a megfelelő idő??

Fin dagli albori della civiltà, l'umanità si è sempre evoluta in modo non lineare, sebbene il darwinismo abbia sostenuto la teoria dell'evoluzione graduale delle specie, che è progredita gradualmente attraverso mutazioni favorevoli per adattarsi alle condizioni ambientali, il cosiddetto Si chiama "gradazione filletica".

Nel 1972, due scienziati, Stephen Jay Gould e Niles Eldredge, hanno proposto la teoria degli "equilibri punteggiati". Sulla base dello studio dei fossili, i due scienziati hanno contestato la progressività lineare dell'evoluzione. È stato affermato che le specie rimangono stabili per molto tempo e poi cambiano per un breve periodo.

In pratica, i cambiamenti evolutivi avvengono in modo relativamente rapido sotto l'influenza di forze ambientali selettive; questi focolai di variazione evolutiva sono intervallati da lunghi periodi di stabilità.

I due scienziati hanno fatto riferimento all'evoluzione delle specie sul piano biologico, ma è chiaro che per quanto riguarda l'uomo l'evoluzione biologica è accompagnata dall'evoluzione culturale.

In effetti, noi stessi ci siamo chiesti nel capitolo 14 perché l'uomo è rimasto immobile per quasi quattro milioni di anni nell'età della pietra e poi si è evoluto a un ritmo incredibile negli ultimi 12.000 anni, fino all'età della tecnologia dell'informazione. (vedi Figura 30).

Ezzel kapcsolatban támogattam a megfelelő idő elvét. Mindennek megvan a megfelelő pillanata, hogy megvalósuljon, egy olyan pillanat, amikor a külső objektív feltételek alkalmasak a megvalósítás megkönnyítésére.

A megfelelő pillanat a szinkronicitások sorozatával nyilvánul meg, amelyek arra ösztönöznek, hogy „megragadják a pillanatot." A szinkronicitások egyetlen személyt vagy egy egész közösséget arra ösztönöznek, hogy belevágjanak a változás kalandjába.

Mindannyiunk számára megvannak a megfelelő pillanatok, de mindenekelőtt vannak megfelelő pillanatok a csoportok, a népek, az egész emberiség számára.

Ezek azok a pillanatok, amikor csodálatos ugrásokat lehet tenni a kultúra és civilizáció új szintjei felé, amelyek felé törekedni kell. Ezekben az esetekben különösen erős, tartós és ismétlődő szinkronitások késztetik az embereket az evolúciós ugrásra.

Úgy gondolom, hogy ezen pillanatok egyikét éljük meg, vagyis az anyag civilizációjából a pszichével egyesült anyag civilizációjába való átmenetet.

A szinkronicitások hihetetlen sorozata vezérel bennünket e cél felé. Megtapasztaljuk az elme evolúciós szakaszát, amelyben minden megváltozik. Ha az emberiségnek van bátorsága megtenni ezt az ugrást, semmi sem lesz többé a régi.

Tanúi lehettünk a kvantumfizika fejlődésének, a nem lokális valóság hihetetlen felfedezésének, amelyben az összefonódás történik, valamint a „Global Consciousness

Project" projekt közelmúltbeli fejleményeinek. Mindez egybeesik Carl Gustav Jung pszichoterapeuta kollektív tudattalanról alkotott elméleteivel. Sok minden történt Jungnak Wolfgang Pauli kvantumfizikussal való találkozásából és együttműködéséből.

Több tucat más véletlenszerű eseményt is felidézhetnénk, mint például Rupert Sheldrake morfikus mezőkkel kapcsolatos tanulmányait vagy David Bohm fizikus holografikus univerzum elméletét.

Mindezek az események, amelyek az elmúlt ötven évre összpontosultak, a szinkronicitás viharos folyóját képviselik, amely olyan örvényeket generál, amelyek képesek elsöpörni évszázados hiedelmeket, amelyek már nem állnak összhangban a valósággal.

Ezek között az elsöpört hiedelmek között első helyen a materializmust találjuk. A hitetlenséget és az elítélést, amely az érzéken kívüli észleléseket "illúzióként és megtévesztésként" határozta meg, a tények megcáfolják.

Való igaz, hogy az általános zűrzavarban tisztességtelenek egész serege használta ki, hogy megtévesszen másokat azzal, hogy állítólagos erőkkel vagy képességekkel dicsekszik. Ez az egész lejáratását és tagadását eredményezte.

Ideje helyreállítani az extraszenzoros észlelések jelenségének hitelességét. A témát komolyan kell megközelíteni. Tudnunk kell, hogy az extraszenzoros jelenségek nyelve még ismeretlen számunkra. De most már tudjuk, hogy létezik nyelvtan és szótár, és keményen dolgozhatunk a tanulmányozásukon.

Bibliography

Amir Dan Aczel, Entanglement. The greatest mystery of physics.
Barbour Julian, End of the time.
Barrow John David, From zero to infinity. The great story of Nothing.
Barrow John David, The numbers of the universe,
Barrow John David, Why is the world a mathematician?
Barrow John David, look Frank The anthropic principle.
Beitman Bernard, Messages from coincidences.
Cambray Joseph, Synchronicity. Nature and Psyche In a connected universe.
Cantalupi Tiziano, Santarcangelo Donato, Psychism and reality. .
Capra Fritjof, The Tao of physics.
John Cederquist, Coincidences They don't exist.
Cesati Cassin Marco, We're not here by chance.. The power of coincidences.
Subrahmanyan Chandrasekhar, Truth and Beauty. The reasons for aesthetics in science.
Chinnici Giorgio, Case Guard. The secret mechanisms of the quantum world
Chopra Deepak, Coincidences
Ford Kenneth, The world of Quanta. Quantum physics For everyone.
Gamow George, The Adventures of Mr. Tompkins.
Gamow George, Mr. Tompkins ' New World.
Goswami Arneb, Quantum Lighting Guide.
Greene Brian, The plot of the cosmos. Space,

Greene Brian, The hidden universes of parallel reality And the profound laws of the cosmos.
Greene Brian, The elegant universe. Superstrings, hidden dimensions and the pursuit of definitive theory.
Hawking Stephen The Universe in a nutshell.
Hawking Stephen The theory completely. Origin and destination Dell Universe.
Hawking Stephen The great history of the time.
Hawking Stephen Do Big Bang For black holes. A brief history of the universe.
Heckler, Richard, Coincidences.
Robert Hopke, Nothing happens by chance.
Joseph Frank, The power of coincidences.
Young Carl The analysis of Dreams. Archetypes of the unconscious. Synchronicity.
Young Carl Memories, DreamsReflections.
Kane Gordon, The Garden of Particles Elemental.
Shani Mani Quantum. From Einstein In Bohr, quantum theory, a new idea of reality..
Rei Hans, Christianity and Chinese religiosity.
Lederman Leon, Hill Christopher, Physical Quantum for Poets
Licata Ignazio, Watching the Sphinx.
Motterlini Matteo, Mental traps.
Peat David, Synchronicity. A union between the matter e Psyche.
Popper Karl, The Ego and your brain.
Radin Dean. Intertwined minds. Psychic phenomena explained by quantum physics.
Rhine Louisa, Psychokinesis. in mind Dominates matter..
Schumacher Ernst, A guide to the Perplexed, the B
Sheldrake Rupert, The illusions of Science.
Sheldrake Rupert, The mind Extended..
Michael Smith, Young and Shamanism.

Sparzani and Panepucci. (Curators**)** Young and Pauli. The original correspondence: The meeting between psyche and matter.
Henry Stapp Quantum theory and free will..
Michael Talbot, All is a. Feltrinelli
Teodorani Massimo, Bohm. The Physics of Infinity.
Teodorani Massimo, in mind Creative. From the physical universe to intelligent life.
Teodorani Massimo, The entanglement. The Weave In the quantum world: particles To consciousness.
Teodorani Massimo, Synchronicity. The link between physics and psyche. Da Pauli Young ' s Next In Chopra.
Teodorani Massimo, The Atom and the particles Elementary.
Seems Frank The physics of Immortality.
John White, The encounter between science and spirit..
Claudio Widmann, Synchronicity and coincidences Significant.
Claudio Widmann, Introduction to Synchronicity.

Bruno Del Medico, blogger, író, szerkesztő, a társadalmi aktualitásokkal és a tudomány új határaival kapcsolatos kérdések terjesztésére szakosodott. Számos, a közelmúltbeli világjárványhoz kapcsolódó szöveg, valamint egy kvantumfizikára és metafizikára vonatkozó speciális sorozat szerzője.\

www.ingramcontent.com/pod-product-compliance
Lightning Source LLC
LaVergne TN
LVHW040422051026
849517LV00002B/424

* 9 7 9 8 2 1 5 8 9 6 0 5 1 *